Logaritmi

e Tabelle per Chimici

MANUALI HOEPLI

LOGARITMI E TABELLE PER CHIMICI

FARMACISTI, MEDICI E FISICI

FONDATE DAL

Prof. Dott. F. W. KÜSTER †

PER USO DEI LABORATORI D'INSEGNAMENTO E PRATICI
ELABORATE SECONDO LO STATO ATTUALE DELLE RICERCHE

DAL

Dott. A. THIEL

Professore ordinario di Fisica Chimica
Direttore degli Istituti Fisico-Chimici dell'Università di Marburgo

TERZA EDIZIONE ITALIANA SULLA
41ª-45ª EDIZIONE ORIGINALE AUMENTATA E MIGLIORATA
PER CURA DEI CHIMICI
Dott. L. SCALETTA e Ing. C. HORNSTEIN

ULRICO HOEPLI
EDITORE - LIBRAIO DELLA REAL CASA
MILANO

1938-XVI

Motto:

« La mancanza di un'educazione matematica si riconosce visibilmente dall'esagerata esattezza del calcolo aritmetico. »

C. F. Gauss.

Industrie Grafiche Italiane STUCCHI, Milano, Via Marcona, 50
(*Printed in Italy*)

PREFAZIONE
alla terza Edizione italiana

Egregi colleghi,

Prima di accingerci al presente lavoro di traduzione abbiamo rivolto, con animo profondamente commosso, il pensiero alla venerata memoria del Comm. Ulrico Hoepli, nobilissimo suscitatore di energie, lavoratore poderoso e sagace quanto modesto.

Siamo certi che anche gli egregi colleghi vorranno unirsi a noi riconoscenti per il merito che il grande Editore ebbe al progresso ed alla diffusione della scienza in Italia.

Gli amici del libro vedranno che esso si avvia a divenire un volume ragguardevole e sempre più e meglio un valido aiuto, cosicchè esso a sua volta diviene amico prodigo agli amici affezionati.

Nell'accomiatarci sentiamo il dovere di ringraziare il chiarissimo sig. prof. G. B. Crippa della R. Università di Pavia.

Alla gentile signorina prof. Niny Badaracco le nostre cordialità per il suo intelligente aiuto.

Dott. L. Scaletta - Ing. C. Hornstein.

PREFAZIONE

dalla 41ª alla 45ª edizione tedesca

Dall'autunno del 1930 esiste fortunatamente una convenzione internazionale di stabilizzazione per i pesi atomici cosicchè la confusione creatasi dopo la guerra mondiale è cessata. Devo la conoscenza dei pesi atomici elaborati per l'anno 1935 dalla Commissione per i pesi atomici dell'« Unione Internazionale di Chimica » all'amabilità del prof. Dott. O. Hönigschmid di Monaco.

In questa occasione devo pure rammentare la proposta del prof. dott. N. Schoorl di Utrecht di porre per l'uso analitico in luogo dei « pesi atomici determinati nel vuoto » (che sono i pesi notati nella tavola internazionale) « i pesi atomici calcolati nell'aria ambiente » nei quali la spinta d'aria è già presa in considerazione. Ho manifestata la mia opinione al riguardo di questa proposta circa i « pesi atomici pratici » e la commissione tedesca per i pesi atomici si è espressa nel medesimo senso.

I pesi atomici internazionali (valori nel vuoto) sono costanti naturali mentre i valori ottenuti per pesata nell'aria sono variabili perchè dipendenti da circostanze esterne. Le analisi esattissime necessitano perciò di una correzione per l'aria ambiente. Ma il chimico ne avrà raramente bisogno, perchè l'inesattezza metodica dell'analisi gravimetrica normale oltrepassa quasi sempre gli errori causati coll'uso dei pesi atomici relativi al vuoto. Si è tenuto conto del desiderio manifestato di poter usare i pesi equivalenti ridotti nell'aria nell'analisi volumetrica dell'ultima edizione (tavola 4 B). *Ho amplificato in questa edizione le possibilità di calcolare le correzioni per la spinta d'aria coll'aggiunta della tavola* 4 C, *che presenta pertanto solo un espediente, perchè non era ancora possibile di calcolare esattamente tutti i valori per la spinta d'aria mancando per molte sostanze i pesi specifici. Quando questa lacuna sarà colmata la tavola* 4 C *conterrà i valori esattamente corretti per la spinta d'aria.*

Autore del « motto » del libro appare adesso C. F. Gauss essendo molto probabile che Hagen abbia sentita la sentenza dall'illustre matematico.

Nelle Avvertenze è stata aggiunta una istruzione per l'arrotondamento delle cifre chè ritengo tale aiuto non superfluo.

Le tavole 2, 4 *e* 5 *sono state aumentate notevolmente e in esse vi sono adesso anche i più importanti metodi gravimetrici e volumetrici con reattivi organici, specialmente con* o-*ossichinolina* (*Ossina*).

Nella tavola 5 *i fattori sono ridotti a* 4 *cifre adattandosi così ai limiti di esattezza dei metodi analitici. I logaritmi si riferiscono pertanto ai valori non arrotondati.*

La tavola 18 (*elettrochimica*) *à subito grandi mutazioni. I dati per la Batmometria sono stati nuovamente calcolati; la nuova tavola per la trasformazione dei valori di* p_H *ai valori di* a_{H^+} *sarà forse molto utile. Devo al mio assistente dott. E. Baar questo nuovo capitolo D, che serve a spiegare ai consultatori di queste tavole le nozioni dell'attività e del coefficiente di attività, concetti che si adottano sempre più nella recente evoluzione delle dottrine sugli elettroliti.*

La tavola 19 *che si è dimostrata indispensabile presenta una compilazione di numeri per gli indicatori, per la Batmometria ottica e per la colorimetria perchè i metodi di misura usati sono stati aumentati eccessivamente in questi ultimi anni.*

Unisco al ringraziamento a tutti i collaboratori ed incitatori, la preghiera ai colleghi di continuare anche per l'avvenire la loro prestazione intelligente.

Marburgo, Febbraio 1935.

A. Thiel.

INDICE

AVVERTENZE

1) I risultati di ogni misura, quindi anche quelli delle analisi, devono essere espressi in frazione dell'esattezza delle determinazioni e cioè con le cifre decimali necessarie affinchè la penultima sia esatta e solo l'ultima approssimata.

2) Per l'arrotondamento vale la regola, che la cifra precedente sarà aumentata di 1 quando il resto da eliminare presenta un valore più grande della metà dell'ultima cifra rimanente. Se il resto presenta giusto una mezza unità l'aumento della cifra precedente sarà eseguito solo nel caso che si tratti di una cifra dispari (per facilitare eventuali dimezzamenti ulteriori). Coll'arrotondamento a due decimali sarà così:

1,2348 diviene 1,23   1,2352 diviene 1,24
1,2350 » 1,24   1,2250 » 1,22

Si può anche indicare la cifra seguente composta da un 5 scrivendola più piccola e più in basso, per es. $1{,}23_5$. Cifre arrotondate in aumento possono essere notate con un tratto *sotto* la cifra (per es. $1{,}2\underline{4}$) mentre le cifre abbassate saranno contrassegnate con un tratto *sopra* la cifra ($1{,}2\bar{2}$).

3) Coll'impiego dei logaritmi si evita di scrivere delle cifre inesatte o senza significato. (Vedi spiegazioni delle tavole 1, 2, 3, 4). Le tavole dei logaritmi, così come il regolo logaritmico calcolatore, fanno il medesimo servizio. In molti casi per esempio, per le frequenti ripetizioni della stessa operazione, il regolo è più comodo; perciò raccomandiamo questo strumento.

4) Esposizione dei risultati analitici.

Spesso si deve determinare, quante parti di sostanza sono contenute in 100 parti di prodotto. Il risultato dell'analisi sarà dunque espresso in percento della sostanza analizzata. In altri casi si determina la quantità di sostanza contenuta in un determinato volume di soluzione ed il risultato è sovente espresso in grammi (od in milligrammi) per litro, del liquido analizzato, ma sempre più frequentemente si tende a dare questi risultati espressi in equivalenti chimici.

Per questo scopo si rappresenta il risultato dell'analisi in unità di valore, p. es. in grammi-molecole (g-peso molecolare) od in grammi-equivalenti (g-pesi equivalenti) per 100 g o per 1 Kg di sostanza solida oppure per 1 litro di sostanza liquida.

5) Esposizione del contenuto di soluzioni (1).

La quantità di un composto in una data quantità di soluzione viene indicata con una delle seguenti tre espressioni di uguale significato:

Contenuto in una soluzione (o miscela o composizione) di un composto;

Concentrazione della soluzione col composto;

Concentrazione del composto nella soluzione.

Per scopi speciali (segnatamente determinazione del punto di congelamento) la concentrazione viene indicata anche in quantità del composto per una data quantità del solvente.

Tanto la quantità del composto quanto la quantità della soluzione (o del solvente) possono essere indicati in unità di peso o in unità di volume.

Se entrambe vengono indicate in unità di peso o in unità di volume, la concentrazione è espressa con un numero semplice. Ma se la quantità del composto è indicata in unità di peso e quella della soluzione in unità di volume, la concentrazione ha la dimensione $(l^{-3}\,m)$.

Nell'ultimo caso, invece della concentrazione può essere indicato il suo valore inverso, la diluizione, cioè la quantità di volume della soluzione che contiene una data quantità del composto. Dimensione: $(l^{3}\,m^{-1})$.

Le indicazioni di concentrazione espresse soltanto in unità di peso hanno il vantaggio di essere indipendenti dalla temperatura:

	Simboli
Per unità di peso servono:	
il grammo o il chilogrammo	g kg
il Mol, cioè tanti grammi di sostanza quanti ne indica il suo peso molecolare	mol
il Millimol, la millesima parte del Mol	mmol
il Val (2), cioè tanti grammi di sostanza, quanti ne indica il suo peso equivalente	val
il Millival, la millesima parte del Val	mval
il Grammo-Atomo, cioè tanti grammi di un elemento quanti ne indica il suo peso atomico	g-atomo
Per unità di volume servono:	
il centimetro cubo o il litro	cm^3 l

(1) Letteralmente da *J. Wallot:* « Atti del Comitato per Unità e Simboli (AEF), negli anni 1907-1927 ».

(2) Questa espressione è stata adottata in luogo di Norm.

Dei numerosi possibili modi di indicare la concentrazione, mediante la combinazione di queste unità, quando non sussistono motivi speciali, si devono adoperare i seguenti:

	Denominazione	Simboli
1. Grammi di composto in 100 g di soluzione	Percentuale	% opp. g/100 g
2. Centimetricubi di composto in 100 cm³ di soluzione	Percent. (in volume)	$cm^3/100\ cm^3$
3. Grammi di composto in 1 l di soluzione	—	g/l
4. Mol di composto in 1 l di soluzione	—	mol/l
opp. Litri di soluzione per 1 Mol di composto	Diluizione	l/mol
5. Val di composto in 1 l di soluzione	—	val/l
o Litri di soluzione per 1 Val di composto	Diluizione	l/val
6. Mol di composto per 1 kg di solvente	—	mol/kg solvente
7. Mol di composto in 100 Mol della soluzione.	Mol percentuale	mol/100 mol
o la $^1/_{100}$ parte della Mol percentuale	Mol frazione	mol/mol totale
8. Grammi-atomo di composto in 100 grammi-atomo di soluzione	Percent. atomica	g-atomo/100 g-atomo
o la $^1/_{100}$ parte della atomo-percentuale	—	g-atomo/g-atomo tot.
9. Millimol di composto in 1 kg di soluzione	—	mmol/kg
10. Millival di composto in 1 kg di soluzione	—	mval/kg

6) Per il logaritmo di Brigg si usa il simbolo lg.

Pesi atomici, Logaritmi — Spiegazioni della tavola 1 vedi pag. 115.

1	Ag	Argento	47	107,880	03 294
2	Al	Alluminio	13	26,97	43 088
3	Ar	Argo	18	39,944	60 145
4	As	Arsenico	33	74,91	87 454
5	Au	Oro	79	197,2	29 491
6	B	Boro	5	10,82	03 423
7	Ba	Bario	56	137,36	13 786
8	Be	Berillio	4	9,02	95 521
9	Bi	Bismuto	83	209,00	32 015
10	Br	Bromo	35	79,916	90 263
11	C	Carbonio	6	12,000	07 918
12	Ca	Calcio	20	40,08	60 293
13	Cd	Cadmio	48	112,41	05 080
14	Ce	Cerio	58	140,13	14 653
15	Cl	Cloro	17	35,457	54 970
16	Co	Cobalto	27	58,94	77 041
17	Cp	Cassiopeo	71	175,0	24 304
18	Cr	Cromo	24	52,01	71 609
19	Cs	Cesio	55	132,91	12 355
20	Cu	Rame	29	63,57	80 325
21	Dy	Disprosio	66	162,46	21 075
22	Er	Erbio	68	167,64	22 437
23	Eu	Europio	63	152,0	18 184
24	F	Fluoro	9	19,00	27 875
25	Fe	Ferro	26	55,84	74 695
26	Ga	Gallio	31	69,72	84 336
27	Gd	Gadolinio	64	157,3	19 673
28	Ge	Germanio	32	72,60	86 094
29	H	Idrogeno	1	1,0078	00 337
30	He	Elio	2	4,002	60 228
31	Hf	Afnio	72	178,6	25 188
32	Hg	Mercurio	80	200,61	30 235
33	Ho	Olmio	67	163,5	21 352
34	In	Indio	49	114,76	05 979
35	Ir	Iridio	77	193,1	28 578
36	J	Iodio	53	126,92	10 353
37	K	Potassio	19	39,096	59 214
38	Kr	Cripto	36	83,7	92 273
39	La	Lantanio	57	138,92	14 276
40	Li	Litio	3	6,940	84 136
41	Mg	Magnesio	12	24,32	38 596
42	Mn	Manganese	25	54,93	73 981

Secondo la Commissione Tedesca

43	Mo	Molibdeno	42	96,0	98 227
44	N	Azoto	7	14,008	14 638
45	Na	Sodio	11	22,997	36 167
46	Nb	Niobio	41	92,91	96 806
47	Nd	Neodimio	60	144,27	15 918
48	Ne	Neo	10	20,183	30 499
49	Ni	Nichel	28	58,69	76 856
50	O	Ossigeno	8	16,0000	20 412
51	Os	Osmio	76	191,5	28 217
52	P	Fosforo	15	31,02	49 164
53	Pb	Piombo	82	207,22	31 643
54	Pd	Palladio	46	106,7	02 816
55	Pr	Praseodimio	59	140,92	14 897
56	Pt	Platino	78	195,23	29 055
57	Ra	Radio	88	226,05	35 421
58	Rb	Rubidio	37	85,44	93 166
59	Re	Renio	75	186,31	27 023
60	Rh	Rodio	45	102,91	01 246
61	Rn	Radon	86	222	34 635
62	Ru	Rutenio	44	101,7	00 732
63	S	Solfo	16	32,06	50 596
64	Sb	Antimonio	51	121,76	08 550
65	Sc	Scandio	21	45,10	65 418
66	Se	Selenio	34	78,96	89 741
67	Si	Silicio	14	28,06	44 809
68	Sm	Samario	62	150,43	17 734
69	Sn	Stagno	50	118,70	07 445
70	Sr	Stronzio	38	87,63	94 265
71	Ta	Tantalio	73	180,88	25 739
72	Tb	Terbio	65	159,2	20 194
73	Te	Tellurio	52	127,61	10 588
74	Th	Torio	90	232,12	36 571
75	Ti	Titanio	22	47,90	68 034
76	Tl	Tallio	81	204,39	31 046
77	Tu	Tulio	69	169,4	22 891
78	U	Uranio	92	238,14	37 683
79	V	Vanadio	23	50,95	70 714
80	W	Wolframio	74	184,0	26 482
81	X	Xeno	54	131,3	11 826
82	Y	Ittrio	39	88,92	94 900
83	Yb	Itterbio	70	173,04	23 815
84	Zn	Zinco	30	65,38	81 544
85	Zr	Zirconio	40	91,22	96 009

Pesi atomici, Logaritmi — Spiegazioni della tavola 1 vedi pag. 115.

dei Pesi atomici (Gennaio 1929)

P. A

Tavola 2

Pesi e logaritmi di atomi, gruppi atomici,

	Peso	log
Ag	107,880	03 294
2Ag	215,760	33 397
3Ag	323,640	51 006
AgBr	187,796	27 369
AgCN	133,89	12 675
AgCNS	165,95	21 998
AgCl	143,337	15 636
AgJ	234,80	37 070
$AgNO_3$	169,888	23 016
Ag_2O	231,760	36 504
Ag_2S	247,82	39 414
$AgVO_3$	206,83	31 561
Ag_3VO_4	438,59	64 206
Al	26,97	43 088
$\frac{1}{3}$Al	8,990	95,376
2Al	53,94	73 191
3Al	80,91	90 800
4Al	107,88	03 294
5Al	134,85	12 985
6Al	161,82	20 903
$Al(C_9H_6ON)_3$ [1]	459,1	66 191
$AlCl_3$	133,34	12 496
$AlCl_3 \cdot 6H_2O$	241,43	38 279
AlF_3	83,97	92 412
$2AlF_3$	167,94	22 515
$3AlF_3$	251,91	40 125
Al_2O_3	101,94	00 834
$\frac{1}{6}Al_2O_3$	16,990	23 019
$2Al_2O_3$	203,88	30 937
$3Al_2O_3$	305,82	48 547
$Al_2O_3 \cdot 2SiO_2 \cdot 2H_2O$	258,09	41 177
$Al(OH)_3$	77,99	89 204
$AlPO_4$	121,99	08 632
$Al_2(SO_4)_3$	342,12	53 418
$Al_2(SO_4)_3 \cdot 18H_2O$	666,40	82 373
As	74,91	87 454
$\frac{1}{2}$As	37,455	57 351
2As	149,82	17 557
3As	224,73	35 166

	Peso	log
As_2O_3	197,82	29 627
$\frac{1}{4}As_2O_3$	49,455	69 421
As_2O_5	229,82	36 139
AsO_3	122,91	08 959
As_2O_7	261,82	41 800
AsO_4	138,91	14 273
As_2S_3	246,00	29,094
As_2S_5	310,12	49 153
Au	197,2	29 491
2Au	394,4	59 594
3Au	591,6	77 203
B	10,82	03 423
2B	21,64	33 526
3B	32,46	51 135
4B	43,28	63 629
5B	54,10	73 320
6B	64,92	81 238
BO_2	42,82	63 165
BO_3	58,82	76 953
B_2O_3	69,64	84 286
B_4O_7	155,28	19 112
Ba	137,36	13 786
$\frac{1}{2}$Ba	68,680	83 683
2Ba	274,72	43 889
3Ba	412,08	61 498
$BaCO_3$	197,36	29 526
$BaCl_2$	208,27	31 863
$BaCl_2 \cdot 2H_2O$	244,31	38 794
$BaCrO_4$	253,37	40 376
BaF_2	175,36	24 393
$Ba(NO_3)_2$	261,38	41 727
BaO	153,36	18 571
$\frac{1}{2}$BaO	76,680	88 468
BaO_2	169,36	22 881
$Ba(OH)_2$	171,38	23 396
$Ba(OH)_2 \cdot 8H_2O$	315,50	49 900
$\frac{1}{2}[Ba(OH)_2 \cdot 8H_2O]$	157,750	19 797
BaS	169,42	22 896

Spiegazioni della Tavola 2, vedi pag. 115.

[1] Ossina = Ox.

molecole ed equivalenti, frequentemente usati

P. M.

	Peso	log		Peso	log
$Ba_{1/2}SO_3$	148,743	17 243	CH_2	14,02	14 675
$2Ba_{1/2}SO_3$	297,48	47 346	$2CH_2$	28,03	44 762
$3Ba_{1/2}SO_3$	446,22	64 955	$3CH_2$	42,05	62 377
$BaSO_4$	233,42	36 814	$4CH_2$	56,06	74 865
$BaSiF_6$	279,42	44 626	$5CH_2$	70,08	84 559
			$6CH_2$	84,09	92 474
Be	9,02	95 521	CH_3	15,02	17 667
2Be	18,04	25 624	$2CH_3$	30,05	47 784
BeO	25,02	39 829	$3CH_3$	45,07	65 389
$Be_2P_2O_7$	192,08	28 348	$4CH_3$	60,09	77 880
			$5CH_3$	75,12	87 576
Bi	209,00	32 015	$6CH_3$	90,14	95 492
2Bi	418,00	62 118	CH_4	16,03	20 493
$BiC_6H_3O_3$ (Pyrogallol)	332,02	52 116	CH_3O	31,02	49 164
			C_2H_2	26,02	41 531
$BiCr(CNS)_6$	609,42	78 491	C_2H_5	29,04	46 300
Bi_2O_3	466,00	66 839	$2C_2H_5$	58,08	76 403
$Bi(NO_3)_3 \cdot 5H_2O$	485,10	68 583	$3C_2H_5$	87,12	94 012
BiOCl	260,46	41 574	$4C_2H_5$	116,16	06 506
$(BiO_2)Cr_2O_7$	666,02	82 348	$5C_2H_5$	145,2	16 197
$Bi(Ox)_3$ (Oxin)	641,2	80 699	$6C_2H_5$	174,2	24 105
$Bi(Ox)_3 \cdot H_2O$	659,2	81 902	C_2H_3O	43,02	63 367
$BiPO_4$	304,02	48 290	$2C_2H_3O$	86,05	93 475
Bi_2S_3	514,18	71 111	$3C_2H_3O$	129,07	11 083
$Bi_2(SeO_3)_3$	798,88	90 248	$C_2H_3O_2$	59,02	77 100
			C_2H_5O	45,04	65 360
Br	79,916	90 263	C_5H_5N (Py)	79,05	89 790
2Br	159,832	20 366	C_6H_5	77,04	88 672
3Br	239,748	37 975	$2C_6H_5$	154,1	18 780
4Br	319,664	50 469	$3C_6H_5$	231,1	36 380
5Br	399,580	60 160	C_7H_5O	105,04	02 135
6Br	479,496	68 078	$2C_7H_5O$	210,1	32 243
BrO_3	127,916	10 692	$3C_7H_5O$	315,1	49 845
$\frac{1}{6}BrO_3$	21,313	32 877	C_9H_6ON (Ox)	144,05	15 851
			C_9H_7ON (OxH)	145,06	16 155
C	12,00	07 918	$C_{10}H_8$ (Naftalina).	128,1	10 755
2C	24,00	38 021	$C_{10}H_7$	127,1	10 415
3C	36,00	55 630	$C_{10}H_6$	126,0	10 037
4C	48,00	68 124	$C_{10}H_5$	125,0	09 691
5C	60,00	77 815	$C_{10}H_4$	124,0	09 342
6C	72,00	85 733	$C_{14}H_8O_2$ (Antrach.)	208,1	31 827

Spiegazioni della Tavola 2, vedi pag. 115.

Pesi e logaritmi di atomi, pesi atomici,

	Peso	log
$C_{14}H_7O_2$	207,1	31 618
$C_{14}H_6O_2$	206,0	31 387
$C_{14}H_5O_2$	205,0	31 175
$C_{14}H_4O_2$	204,0	30 963
$C_{20}H_{16}N_4$ (Nitron)	312,2	49 443
$C_{20}H_{16}N_4 \cdot HNO_3$	375,2	57 426
CN	26,01	41 514
2CN	52,02	71 617
3CN	78,02	89 221
4CN	104,03	01 716
5CN	130,04	11 408
6CN	156,05	19,326
CNS	58,07	76 395
CO	28,00	44 716
CO_2	44,00	64 345
$\frac{1}{2}CO_2$	22,00	34 242
$2CO_2$	88,00	94 448
$3CO_2$	132,00	12 057
CO_3	60,00	77 815
$\frac{1}{2}CO_3$	30,00	47 712
$2CO_3$	120,00	07 918
$3CO_3$	180,00	25 527
CO_2H s. a. HCO_2	45,01	65 331
C_2O_4	88,00	94 448
$CO(NH_2)_2$	60,05	77 851
Ca	40,08	60 293
$\frac{1}{2}Ca$	20,040	30 190
2Ca	80,16	90 396
3Ca	120,24	08 005
4Ca	160,32	20 499
5Ca	200,40	30 190
6Ca	240,48	38 108
CaC_2	64,08	80 672
$CaC_4H_4O_6 \cdot 4aq$	260,17	41 526
$CaCN_2$	80,10	90 363
$CaCO_3$	100,08	00 034
$\frac{1}{2}CaCO_3$	50,040	69 932
$CaC_2O_4 \cdot H_2O$	146,10	16 465
$CaCl_2$	110,99	04 528
$CaCl_2 \cdot 6H_2O$	219,09	34 062

	Peso	log
$CaCl_2O$	126,99	10 377
$\frac{1}{2}CaCl_2O$	63,497	80 275
CaF_2	78,08	89 254
$Ca(HCO_3)_2$	162,10	20 978
$\frac{1}{2}[Ca(HCO_3)_2]$	81,048	90 874
$CaHPO_4$	136,11	13 389
$CaHPO_4 \cdot 2H_2O$	172,14	23 588
$CaH_4(PO_4)_2$	234,15	36 950
$CaH_4(PO_4)_2 \cdot H_2O$	252,17	40 170
CaO	56,08	74 881
$\frac{1}{2}CaO$	28,040	44 778
2CaO	112,16	04 984
3CaO	168,24	22 593
4CaO	224,32	35 087
5CaO	280,40	44 778
6CaO	336,48	52 696
$Ca(OH)_2$	74,10	86 982
$\frac{1}{2}[Ca(OH)_2]$	37,048	56 877
$Ca_3(PO_4)_2$	310,28	49 175
CaS	72,14	85,818
$Ca_{1/2}SO_3$	100,10	00 043
$2Ca_{1/2}SO_3$	200,20	30 146
$3Ca_{1/2}SO_3$	300,30	47 756
$CaSO_4$	136,14	13 399
$CaSO_4 \cdot 2H_2O$	172,17	23 596
$CaSiO_3$	116,14	06 498
Cd	112,41	05 080
$\frac{1}{2}Cd$	56,205	84 977
2Cd	224 82	35 183
CdO	128,41	10 860
$Cd(Ox)_2$ (Oxin)	400,5	60 260
$Cd(Ox)_2 \cdot 1,5\ H_2O$	427,5	63 094
$Cd_2P_2O_7$	398,86	60 082
$CdPy_2(CNS)_2$ [1]	386,7	58 737
CdS	144,47	15 978
$CdSO_4$	208,47	31 904
$CdSO_4 \cdot {}^8/_3H_2O$	256,51	40 910
Ce	140,13	14 653
2Ce	280,26	44 756

Spiegazioni della Tavola 2, vedi pag. 115.

[1]) Piridina.

	Peso	log
3Ce	420,39	62 365
$CeCl_3$	246,50	39 182
Ce_3O_4	484,39	68 520
Ce_2O_3	328,26	51 622
CeO_2	172,13	23 586
CeO_3	188,13	27 446
$Ce_2(SO_4)_3 \cdot 8H_2O$	712,56	85 282
Cl	35,457	54 970
2Cl	70,914	85 073
3Cl	106,371	02 682
4Cl	141,828	15 176
5Cl	177,285	24 867
6Cl	212,742	32 785
ClO	51,457	71 144
Cl_2O_5	150,914	17 873
ClO_3	83,457	92 146
$\frac{1}{6}ClO_3$	13,9105	14 331
ClO_4	99,457	99 764
Co	58,94	77 041
$\frac{1}{2}Co$	29,470	46 938
2Co	117,88	07 144
$CoAs_2$	208,76	31 965
CoAsS	165,91	21 988
$Co[C_{10}H_6O(NO)]_3 \cdot 2H_2O$ [1]	611,1	78 611
$Co(NO_3)_2 \cdot 6H_2O$	291,05	46 397
CoO	74,94	87 471
Co_3O_4	240,82	38 169
$Co(Ox)_2 \cdot 2aq$ (Oxin)	383,1	58 331
$Co_2P_2O_7$	291,92	46 526
$CoSO_4$	155,00	19 033
$CoSO_4 \cdot 7H_2O$	281,11	44 888
Cr	52,01	71 609
2Cr	104,02	01 712
3Cr	156,03	19 321
CrO	68,01	83 257
Cr_3O_4	220,03	34 248
Cr_2O_3	152,02	18 190

	Peso	log
$\frac{1}{2}Cr_2O_3$	76,010	88 087
$2Cr_2O_3$	304,04	48 293
$3Cr_2O_3$	456,06	65 902
CrO_3	100,01	00 004
$2CrO_3$	200,02	30 107
Cr_2O_7	216,02	33 449
CrO_4	116,01	06 450
$CrPO_4$	147,03	16 741
Cs	132,91	12 355
2Cs	265,82	42 458
Cs_2O	281,82	44 997
Cs_2SO_4	361,88	55 856
Cu	63,57	80 325
2Cu	127,14	10 428
3Cu	190,71	28 037
CuCNS	121,64	08 508
$CuCO_3 \cdot Cu(OH)_2$	221,16	34 471
$2CuCO_3 \cdot Cu(OH)_2$	344,73	53 748
$Cu(C_7H_6O_2N)_2$ [2]	335,7	52 595
$CuCl_2$	134,48	12 866
$CuFeS_2$	183,58	26 371
Cu_2O	143,14	15 576
CuO	79,57	90 075
$\frac{1}{2}CuO$	39,785	59 972
2CuO	159,14	20 178
3CuO	238,71	37 787
$Cu(Ox)_2$ (Oxin)	351,7	54 617
Cu_2S	159,20	20 194
CuS	95,63	98 059
$CuSO_4$	159,63	20 311
$CuSO_4 \cdot 5H_2O$	249,71	39 744
Er	167,64	22 438
2Er	335,28	52 541
Er_2O_3	383,28	58 352
F	19,00	27 875
2F	38,00	57 978
3F	57,00	75 587

Spiegazioni della Tavola 2, vedi pag. 115.

[1] α-nitroso β-naftolo.

[2] Aldossima salicilica.

Tavola 2

Pesi e logaritmi di atomi, gruppi atomici,

	Peso	log		Peso	log
4F	76,00	88 081	H	1,0078	00 337
5F	95,00	97 772	2H	2,0156	30 440
6F	114,00	05 690	3H	3,0234	48 050
			4H	4,0312	60 543
Fe	55,84	74 695	5H	5,0390	70 234
2Fe	111,68	04 798	6H	6,0468	78 153
3Fe	167,52	22 407	H_3AsO_4	141,93	15 207
4Fe	223,36	34 901	HBO_2	43,83	64 177
5Fe	279,20	44 592	H_3BO_3	61,84	79 127
6Fe	335,04	52 510	HBr	80,924	90 808
$FeAs_2$	205,66	31 315	$H \cdot CHO_2$	46,02	66 295
FeAsS	162,81	21 168	$H \cdot C_2H_3O_2$	60,03	77 837
$Fe(CN)_6$	211,89	32 611	HNC	27,02	43 169
$FeCO_3$	115,84	06 386	H_2CN_2	42,03	62 356
$FeCl_2$	126,75	10 295	$(H_2CN_2)_2$	84,06	92 459
$FeCl_2 \cdot 4H_2O$	198,82	29 846	$H_6C_2N_4O$ (Dic.)	102,08	00 894
$FeCl_3$	162,21	21 008	HCNS	59,08	77 144
$FeCl_3 \cdot 6H_2O$	270,30	43 185	HCO_2	45,01	65 331
$Fe(CrO_2)_2$	223,86	34 998	$2HCO_2$	90,02	95 434
$Fe(HCO_3)_2$	177,86	25 008	$3HCO_2$	135,02	13 040
FeJ_2	309,68	49 091	$4HCO_2$	180,03	25 534
FeO	71,84	85 637	$5HCO_2$	225,04	35 226
2FeO	143,68	15 740	$6HCO_2$	270,05	43 144
3FeO	215,52	33 349	HCO_3	61,01	78 540
Fe_3O_4	231,52	36 459	$H_2C_2O_4$	90,02	95 434
Fe_2O_3	159,68	20 325	$H_2C_2O_4 \cdot 2H_2O$	126,05	10 055
$\frac{1}{6}Fe_2O_3$	26,614	42 511	$\frac{1}{2}[H_2C_2O_4 \cdot 2H_2O]$	63,02	79,948
$\frac{1}{2}Fe_2O_3$	79,840	90 222	$H \cdot C_3H_5O_3$ (Latt.)	90,05	95 448
$2Fe_2O_3$	319,36	50 428	$H_2 \cdot C_4H_4O_4$ (Succ.)	118,05	07 207
$3Fe_2O_3$	479,04	68 037	$H_2 \cdot C_4H_4O_5$ (Mal.)	134,05	12 727
$Fe(OH)_3$	106,86	02 882	$H_2 \cdot C_4H_4O_6$ (Tart.)	150,05	17 624
$2Fe(OH)_3$	213,73	32 987	$H_3 \cdot C_6H_5O_7$ (Citr.)	192,06	28 344
$Fe(Ox)_3$ (Oxin)	488,0	68 842	$H_3 \cdot C_6H_5O_7 \cdot H_2O$	210,08	32 239
$FePO_4$	150,86	17 857	$H \cdot C_7H_5O_3$ (Salic.)	138,05	14 004
FeS	87,90	94 399	$H \cdot C_{18}H_{33}O_2$ (Oleico)	282,3	45 071
Fe_7S_8	647,36	81 115	HCl	36,465	56 188
FeS_2	119,96	07 904	2HCl	72,930	86 291
$FeSO_4$	151,90	18 156	3HCl	109,394	03 899
$FeSO_4 \cdot 7H_2O$	278,01	44 406	HClO	52,465	71 987
$Fe_2(SO_4)_3$	399,86	60 191	$HClO_3$	84,465	92 668
			$HClO_4$	100,465	00 201

Spiegazioni della Tavola 2, vedi pag. 115.

molecole ed equivalenti, frequentemente usati

	Peso	log
H_2CrO_4	118,08	07 199
$H_2Cr_2O_7$	218,04	33 854
HF	20,01	30 125
$H_3Fe(CN)_6$	214,91	33 226
$H_4Fe(CN)_6$	215,92	33 429
HJ	127,93	10 697
HJO_3	175,93	24 534
HNO_2	47,016	67 224
HNO_3	63,016	79 945
$2HNO_3$	126,032	10 048
$3HNO_3$	189,047	27 657
HO	17,0078	23 065
H_2O	18,0156	25 565
$\frac{1}{2}H_2O$	9,0078	95 462
$2H_2O$	36,0312	55 668
$3H_2O$	54,0468	73 277
$4H_2O$	72,0624	85 771
$5H_2O$	90,078	95 462
$6H_2O$	108,094	03 380
H_2O_2	34,0156	53 168
$\frac{1}{2}H_2O_2$	17,0078	23 065
H_3PO_2	66,04	81 981
H_3PO_3	82,04	91 403
HPO_4	96,03	98 241
H_2PO_4	97,04	98 695
H_3PO_4	98,04	99 140
H_2PtCl_6	409,99	61 277
H_2S	34,08	53 250
HSO_3	81,07	90 886
$2HSO_3$	162,14	20 989
$3HSO_3$	243,20	38 596
$H_2S_2O_3$	114,14	05 744
H_2SO_3	82,08	91 424
H_2SO_4	98,08	99 158
$\frac{1}{2}H_2SO_4$	49,040	69 055
$2H_2SO_4$	196,15	29 259
$3H_2SO_4$	294,23	46 869
$H_2S_2O_8$	194,14	28 812
$\frac{1}{2}H_2S_2O_8$	97,07	98 709
H_2SiF_6	144,08	15 860
H_2SiO_3	78,08	89 254

	Peso	log
Hg	200,61	30 235
2Hg	401,22	60 338
3Hg	601,83	77 947
$Hg(CN)_2$	252,63	40 248
Hg_2Cl_2	472,13	67 406
$HgCl_2$	271,52	43 380
HgO	216,61	33 568
$HgPy_2Cr_2O_7$ [1]	574,7	75 944
HgS	232,67	36 674
J	126,92	10 353
2J	253,84	40 456
3J	380,76	58 065
4J	507,68	70 559
5J	634,60	80 250
6J	761,52	88 168
J_2O_5	333,84	52 354
JO_3	174,92	24 284
K	39,096	59 213
2K	78,192	89 316
3K	117,288	06 926
4K	156,384	19 419
5K	195,480	29 110
6K	234,576	37 028
$KAl(SO_4)_2 \cdot 12H_2O$	474,37	67 611
$KAlSi_3O_8$	278,25	44 444
$2KAlSi_3O_8$	556,49	74 546
KBF_4	125,92	10 009
KBr	119,012	07 559
$KBrO_3$	167,012	22 275
$\frac{1}{6}KBrO_3$	27,8353	44 459
KCN	65,10	81 358
KCNS	97,16	98 749
K_2CO_3	138,19	14 048
$\frac{1}{2}K_2CO_3$	69,096	83 945
$K_2CO_3 \cdot 2H_2O$	174,22	24 110
KCl	74,553	87 247
$KClO_3$	122,553	08 832
$\frac{1}{6}KClO_3$	20,4255	31 017
$KClO_4$	138,553	14 161

Spiegazioni della Tavola 2, vedi pag. 115.

[1] Piridina.

	Peso	log
$K_3Co(NO_2)_6$	452,28	65 541
$K_2Co(SO_4)_2 \cdot 6aq$	437,35	74 083
K_2CrO_4	194,20	28 825
$K_2Cr_2O_7$	294,21	46 866
$\frac{1}{6}K_2Cr_2O_7$	49,035	69 051
$\frac{1}{2}K_2Cr_2O_7$	147,11	16 764
$KCr(SO_4)_2 \cdot 12H_2O$	499,41	69 846
$K_2Cu(SO_4)_2 \cdot 6aq$	441,98	64 540
KF	58,10	76 418
$K_3Fe(CN)_6$	329,18	51 743
$K_4Fe(CN)_6$	368,27	56 616
$K_4Fe(CN)_6 \cdot 3H_2O$	422,32	62 564
$KFe(SO_4)_2 \cdot 12aq$	503,24	70 178
KH_2AsO_4	180,02	25 532
$KHCO_3$	100,10	00 043
$KHC_4H_4O_6$	188,14	27 448
$KH_3(C_2O_4)_2 \cdot 2aq$	254,15	40 509
$\frac{1}{3}[KH_3(C_2O_4)_2 \cdot 2H_2O]$	84,72	92 799
$KH(JO_3)_2$	389,94	59 099
$\frac{1}{12}[KH(JO_3)_2]$	32,495	51 182
KH_2PO_4	136,14	13 399
KJ	166,02	22 016
KJO_3	214,02	33 045
$\frac{1}{6}KJO_3$	35,669	55 229
$KMnO_4$	158,03	19 874
$\frac{1}{5}KMnO_4$	31,605	49 976
$2KMnO_4$	316,05	49 976
KNO_2	85,104	92 995
KNO_3	101,104	00 477
$KNaC_4H_4O_6 \cdot 4aq$	282,19	45 054
$K_2Ni(SO_4)_2 \cdot 6aq$	437,10	64 058
K_2O	94,192	97 401
$\frac{1}{2}K_2O$	47,096	67 298
$2K_2O$	188,384	27 504
$3K_2O$	282,576	45 114
$4K_2O$	376,768	57 607
$5K_2O$	470 96	67 298
$6K_2O$	565,15	75 217
$K_2O \cdot Al_2O_3 \cdot 6SiO_2$	556,49	74 546
KOH	56,104	74 899

	Peso	log
$KOH \cdot 2H_2O$	92,135	96 442
K_2PtCl_6	486,16	68 678
$K_2SO_3 \cdot 2H_2O$	194,28	28 843
$K_2S_2O_5$	222,31	34 696
K_2SO_4	174,25	24 117
$K_2S_2O_8$	270,31	43 187
$K(SbO)C_4H_4O_6 \cdot \frac{1}{2}H_2O$	333,90	52 362
K_2SiF_6	220,25	34 292
$K_2Zn(SO_4)_2 \cdot 6aq$	443,79	64 718
La	138,92	14 276
2La	277,84	44 379
La_2O_3	325,84	51 300
Li	6,940	84 136
2Li	13,880	14 239
3Li	20,820	31 848
Li_2CO_3	73,88	86 853
LiCl	42,397	62 734
Li_2O	29,880	47 538
Li_3PO_4	115,84	06 386
Li_2SO_4	109,94	04 116
Mg	24,32	38 596
$\frac{1}{2}Mg$	12,160	08 493
2Mg	48,64	68 699
3Mg	72,96	86 308
$Mg(AlO_2)_2$	142,26	15 308
$Mg_2As_2O_7$	310,46	49 200
$MgCO_3$	84,32	92 593
$MgCl_2$	95,23	97 877
$MgCl_2 \cdot 6H_2O$	203,33	30 820
$Mg(HCO_3)_2$	146,34	16 536
$\frac{1}{2}[Mg(HCO_3)_2]$	73,168	86 432
$MgNH_4PO_4 \cdot 6aq$	245,47	39 000
MgO	40,32	60 552
$\frac{1}{2}MgO$	20,160	30 449
2MgO	80,64	90 655
3MgO	120,96	08 264
$Mg(OH)_2$	58,34	76 597

Spiegazioni della Tavola 2, vedi pag. 115.

molecole ed equivalenti, frequentemente usati

	Peso	log
½[$Mg(OH)_2$]	29,168	46 491
$Mg(Ox)_2$ (Oxin)	312,4	49 471
$Mg(Ox)_2 \cdot 2H_2O$	348,5	54 220
$Mg_2P_2O_7$	222,68	34 768
$MgSO_4$	120,38	08 055
$MgSO_4 \cdot 7H_2O$	246,49	39 180
$MgSiO_4$	116,38	06 588
Mn	54,93	73 981
½Mn	27,465	43 878
2Mn	109,86	03 084
3Mn	164,79	21 693
$MnCO_3$	114,93	06 043
$MnCl_2 \cdot 4H_2O$	197,91	29 647
MnO	70,93	85 083
Mn_3O_4	228,79	35 944
Mn_2O_3	157,86	19 827
MnO_2	86,93	93 917
½MnO_2	43,465	63 814
Mn_2O_7	221,86	34,608
MnO_4	118,93	07 529
$Mn_2P_2O_7$	283,90	45 317
MnS	86,99	93 947
$MnSO_4$	150,99	17 895
$MnSO_4 \cdot 5H_2O$	241,07	38 214
Mo	96,0	98 227
MoO_3	144,0	15 836
MoO_4	160,0	20 412
MoS_2	160,1	20 439
N	14,008	14 638
2N	28,016	44 741
3N	42,024	62 350
4N	56,032	74,844
5N	70,040	84,535
6N	84,048	92 453
6,25N (Album.)	87,55	94 226
6,4N (Caseina)	89,65	95 256
NH	15,016	17 655
NH_2	16,024	20 477
$2NH_2$	32,047	50 579

	Peso	log
$3NH_2$	48,071	68 188
NH_3	17,031	23 124
$2NH_3$	34,063	53 228
$3NH_3$	51,094	70 837
$4NH_3$	68,126	83,331
$5NH_3$	85,157	93 022
$6NH_3$	102,188	00 940
NH_4	18,039	25 621
$2NH_4$	36,078	55 724
$3NH_4$	54,118	73 334
N_2H_4	32,047	50 579
NH_4Br	97,955	99 103
NH_4CNS	76,11	88 144
$NH_4C_2H_3O_2$	77,06	88 683
$(NH_4)_2C_2O_4 \cdot H_2O$	142,09	15 256
NH_4Cl	53,496	72 832
NH_4F	37,04	56 867
$NH_4Fe(SO_4)_2 \cdot 12H_2O$	482,19	68 322
$(NH_4)_2Fe(SO_4)_2 \cdot 6H_2O$	392,13	59 343
$NH_4H_2PO_4$	115,07	06 096
$(NH_4)_2HPO_4$	132,11	12 095
NH_4HS	51,11	70 851
NH_4HSO_3	97,09	98 717
NH_4HSO_4	115,11	06 111
NH_4J	144,96	16 125
$(NH_4MgAsO_4)_2 \cdot H_2O$	380,55	58 041
$NH_4MgPO_4 \cdot 6aq$	245,47	39 000
NH_4NO_3	80,047	90 335
$NH_4NaHPO_4 \cdot 4H_2O$	209,13	32 042
$(NH_4)_2Ni(SO_4)_2 \cdot 6H_2O$	394,98	59 658
NH_2OH	33,031	51 892
$(NH_4O)Cl$	69,496	84 196
$(NH_4O)_2SO_4$	164,14	21 521
NH_4OH	35,047	54 465
$(NH_4)_3PO_4 \cdot 12MoO_3$	1877	27 346
$(NH_4)_2PtCl_6$	444,05	64 743
$(NH_4)_2S$	68,14	83 340
$N_2H_6SO_4$	130,12	11 434

Spiegazioni della Tavola 2, vedi pag. 115.

Pesi e logaritmi di atomi, gruppi atomici,

	Peso	log
$(NH_4)_2SO_4$	132,14	12 103
$(NH_4)_2SiF_6$	178,14	25 076
$(NH_4)_2Zn(SO_4)_2 \cdot 6H_2O$	401,67	60 387
N_2O	44,016	64 361
NO	30,008	47 724
N_2O_3	76,016	88 091
NO_2	46,008	66 283
$3NO_2$	138,024	13 995
$6NO_2$	276,048	44 099
N_2O_4	92,016	96 386
N_2O_5	108,016	03 349
$\frac{1}{2}N_2O_5$	54,008	73 245
NO_3	62,008	79,245
$2NO_3$	124,016	09 348
$3NO_3$	186,024	26 957
$4NO_3$	248,032	39 451
Na	22,997	36 167
$2Na$	45,994	66 270
$3Na$	68,991	83 879
$4Na$	91,988	96 373
$5Na$	114 985	06 064
$6Na$	137,982	13 982
Na_3AlF_6	209,96	32 214
$NaAlSi_3O_8$	262,15	41 855
$Na_2Al_2H_4(SiO_4)_3$	380,15	57 996
$NaBO_3 \cdot 4H_2O$	153,88	18 718
$Na_2B_4O_7$	201,27	30 378
$\frac{1}{2}Na_2B_4O_7$	100,64	00 277
$Na_2B_4O_7 \cdot 10H_2O$	381,43	58 141
$\frac{1}{2}[Na_2B_4O_7 \cdot 10H_2O]$	190,72	28 040
$NaBr$	102,913	01 247
$NaC_2H_3O_2 \cdot 3H_2O$	136,07	13 376
$NaCN$	$49,00_5$	69 024
$NaCNS$	81,07	90 886
Na_2CO_3	105,99	02 527
$\frac{1}{2}Na_2CO_3$	52,997	72 425

	Peso	log
$Na_2CO_3 \cdot 2H_2O$	142,03	15 238
$\frac{1}{2}[Na_2CO_3 \cdot 2H_2O]$	71,013	85 135
$Na_2CO_3 \cdot 10H_2O$	286,15	45 659
$\frac{1}{2}[Na_2CO_3 \cdot 10aq]$	143,075	15 556
$Na_2C_2O_4$	133,99	12 707
$\frac{1}{2}Na_2C_2O_4$	66,997	82 606
$NaCl$	58,454	76 681
$NaClO$	74,454	87 188
$NaClO_3$	106,454	02 716
$Na_2Cr_2O_7 \cdot 2H_2O$	298,05	47 429
$\frac{1}{6}[Na_2Cr_2O_7 \cdot 2aq]$	49,674	69 613
NaF	42,00	62 325
$2NaF$	83,99	92 423
$3NaF$	125,99	10 034
$4NaF$	167,99	22 528
$5NaF$	209,99	32 220
$6NaF$	251,98	40 137
$Na_2HAsO_4 \cdot 12aq$	402,10	60 433
$NaHCO_3$	$84,00_5$	92 431
$Na_2HPO_4 \cdot 2H_2O$	178,05	25 054
$Na_2HPO_4 \cdot 12H_2O$	358,21	55 414
$NaHS$	56,06	74 865
$NaHSO_3$	104,06	01 728
$NaHSO_4$	120,06	07 940
NaJ	149,92	17 586
$NaJO_3$	197,92	29 649
$NaMg(UO_2)_3 \cdot (C_2H_3O_2)_9 \cdot 6{,}5aq$	1506,0	17 782
$NaNH_4HOP_4 \cdot 4H_2O$	209,13	32 042
$NaNO_2$	69,005	83 888
$NaNO_3$	85,005	92 944
Na_2O	61,994	79 235
$\frac{1}{2}Na_2O$	30,997	49 132
$2Na_2O$	123,988	09 338
$3Na_2O$	185,982	26 947
$4Na_2O$	247,976	39 441
$5Na_2O$	309,97	49 132
$6Na_2O$	371,96	57 050
Na_2O_2	77,994	89 206
$NaOH$	40,005	60 211

Spiegazioni della Tavola 2, vedi pag. 115.

molecole od equivalenti, frequentemente usati

	Peso	log
$NaOH \cdot H_2O$	58,020	76 358
$NaPO_3$	102,02	00 869
Na_3PO_4	164,01	21 487
$Na_3PO_4 \cdot 12H_2O$	380,20	58 001
$Na_4P_2O_7$	266,08	42 493
Na_2S	78,05	89 237
$Na_2S \cdot 9H_2O$	240,19	38 055
$NaSO_3$	103,06	01 309
$2NaSO_3$	206,11	31 410
$3NaSO_3$	309,17	49 020
$Na_2S_2O_3 \cdot 5H_2O$	248,19	39 478
Na_2SO_3	126,05	10 054
$Na_2SO_3 \cdot 7H_2O$	252,16	40 168
Na_2SO_4	142,05	15 244
$Na_2SO_4 \cdot 10H_2O$	322,21	50 814
$Na_2S_2O_4$	174,11	24 082
$Na_3SbS_4 \cdot 9H_2O$	481,13	68 227
Na_2SiF_6	188,05	27 427
$Na_2O \cdot 3,5SiO_2$	272,20	43 489
$\frac{1}{2}[Na_2O \cdot 3,5SiO_2]$	136,10	13 386
$Na_2SnO_3 \cdot 3H_2O$	266,74	42 609
$NaZn(UO_2)_3 \cdot (C_2H_3O_2)_9 \cdot 6aq$	1538,1	18 699
$Na_2U_2O_7$	634,27	80 227
$Na_2U_2O_7 \cdot 6H_2O$	742,37	87 062
Nb	92,91	96 806
2Nb	185,82	26 909
Nb_2O_5	265,82	42 458
Nd	144,27	15 918
2Nd	288,54	46 021
Nd_2O_3	336,54	52 704
Ni	58,69	76 856
2Ni	117,38	06 959
NiAs	133,60	12 581
$Ni(C_2H_5N_4O)_2$ (Dic.)	260,83	41 636

	Peso	log
$NiC_8H_{14}N_4O_4$ (Glic.)	288,83	46 064
NiO	74,69	87 326
$Ni(Ox)_2 \cdot 2aq$ (Oxin)	382,8	58 297
$Ni_2P_2O_7$	291,42	46 452
$NiPy_4(CNS)_2$ [1]	491,0	69 108
$NiSO_4$	154,75	18 963
$NiSO_4 \cdot 7H_2O$	280,86	44 849
O	16,0000	20 412
2O	32,0000	50 515
3O	48,0000	68 124
4O	64,0000	80 618
5O	80,0000	90 309
6O	96,0000	98 227
OCH_3	31,02	49 164
OC_2H_5	45,04	65 360
OH	17,0078	23 065
2OH	34,0156	53 168
3OH	51,0234	70 777
4OH	68,0312	83 271
5OH	85,0390	92 962
6OH	102,0468	00 880
P	31,02	49 164
2P	62,04	79 267
3P	93,06	96 876
PBr_3	270,77	43 260
PCl_3	137,39	13 796
PCl_5	208,31	31 871
PO_2	63,02	79 948
PO_3	79,02	89 774
P_2O_3	110,04	04 155
P_2O_5	142,04	15 414
$\frac{1}{2}P_2O_5$	71,020	85 138
$2P_2O_5$	284,08	45 344
$3P_2O_5$	426,12	62 953
P_2O_7	174,04	24 065
PO_4	95,02	97 782
$2PO_4$	190,04	27 885

Spiegazioni della Tavola 2, vedi pag. 115.

[1]) Piridina.

Pesi e logaritmi di atomi, gruppi atomici,

	Peso	log
$3PO_4$	285,06	45 494
$4PO_4$	380,08	57 988
$P_2O_5 \cdot 24MoO_3$	3598	55 606
Pb	207,22	31 643
½Pb	103,610	01 540
2Pb	414,44	61 746
3Pb	621,66	79 355
$Pb(C_2H_3O_2)_2 \cdot 3aq$	379,31	57 899
$PbCO_3$	267,22	42 687
$PbCl_2$	278,13	44 425
PbClF	261,68	41 777
$PbCrO_4$	323,23	50 951
$Pb(NO_3)_2$	331,24	52 014
PbO	223,22	34 873
Pb_2O_3	462,44	66 506
Pb_3O_4	685,66	83 611
PbO_2	239,22	37 880
PbS	239,28	37 890
$PbSO_4$	303,28	48 184
$Pb_2V_2O_7$	628,34	79 820
Pd	106,7	02 816
$Pd(CN)_2$	158,7	20 058
PdJ_2	360,5	55 691
Pr	140,92	14 897
2Pr	281,84	45 000
Pr_2O_3	329,84	51 830
$Pr_2(SO_4)_3$	570,02	75 589
Pt	195,23	29 055
2Pt	390,46	59 158
3Pt	585,69	76 767
$PtCl_4$	337,06	52 771
$PtCl_6$	407,97	61 063
PtS_2	259,35	41 389

	Peso	log
Rb	85,44	93 166
2Rb	170,88	23 269
Rb_2SO_4	266,94	42 641
S	32,06	50 596
2S	64,12	80 699
3S	96,18	98 308
4S	128,24	10 802
5S	160,30	20 493
6S	192,36	28 411
S_2Cl_2	135,03	13 043
S_2O_3	112,12	04 968
SO_2	64,06	80 659
$2SO_2$	128,12	10 762
$3SO_2$	192,18	28 371
SO_3	80,06	90 342
$\frac{1}{2}SO_3$	40,030	60 239
$2SO_3$	160,12	20 445
$3SO_3$	240,18	38 054
SO_3H; $SO_3Ba_{1/2}$; $SO_3Ca_{1/2}$; SO_3Na s. HSO_3 ecc.		
SO_4	96,06	98 254
$2SO_4$	192,12	28 357
$3SO_4$	288,18	45 966
S_2O_8	192,12	28 357
Sb	121,76	08 550
½Sb	60,880	78 447
2Sb	243,52	38 653
3Sb	365,28	56 263
$SbC_6H_5O_4$ (Pyrog.)	262,80	41 963
Sb_2O_3	291,52	46 467
Sb_2O_4	307,52	48 787
Sb_2O_5	323,52	50 990
SbOCl	173,22	23 860
Sb_2S_3	339,70	53 110

Spiegazioni della Tavola 2, vedi pag. 115.

molecole od equivalenti, frequentemente usati

	Peso	log		Peso	log
Sb_2S_5	403,82	60 619	$2SiO_4$	184,12	26 510
SbS_3	217,94	33 834	$3SiO_4$	276,18	44 119
SbS_4	250,00	39 794	$4SiO_4$	368,24	56 613
			$5SiO_4$	460,30	66 304
			$6SiO_4$	552,36	74 222
Sc	45,10	65 418			
2Sc	90,20	95 521			
Sc_2O_3	138,20	14 051	Sm	150,43	17 733
			2Sm	300,86	47 836
			Sm_2O_3	348,86	54 265
Se	78,96	89 741			
SeO_2	110,96	04 516			
SeO_3	126,96	10 366	Sn	118,70	07 445
			½Sn	59,350	77 342
			2Sn	237,40	37 548
Si	28,06	44 809	3Sn	356,10	55 157
2Si	56,12	74 912	$SnCl_2$	189,61	27 786
3Si	84,18	92 521	$SnCl_2 \cdot 2H_2O$	225,65	35 344
4Si	112,24	05 015	$SnCl_4$	260,53	41 586
5Si	140,30	14 706	SnO	134,70	12 937
6Si	168,36	22 624	SnO_2	150,70	17 811
SiF_4	104,06	01 728			
SiF_6	142,06	15 247			
SiO_2	60,06	77 859	Sr	87,63	94 265
$2SiO_2$	120,12	07 962	½Sr	43,815	64 162
$3SiO_2$	180 18	25 571	2Sr	175,26	24 368
$3{,}5SiO_2$	210,21	32 265	3Sr	262,89	41 977
$4SiO_2$	240,24	38 065	$SrCO_3$	147,63	16 917
$5SiO_2$	300,30	47 756	$SrC_2O_4 \cdot H_2O$	193,65	28 702
$6SiO_2$	360,36	55 674	$SrCl_2$	158,54	20 014
Si_3O_8	212,18	32 670	$SrCl_2 \cdot 6H_2O$	266,64	42 593
SiO_3	76,06	88 116	$Sr(NO_3)_2$	211,65	32 562
$2SiO_3$	152,12	18 219	$Sr(NO_3)_2 \cdot 4H_2O$	283,71	45 287
$3SiO_3$	228,18	35 828	SrO	103,63	01 549
$4SiO_3$	304,24	48 322	$Sr(OH)_2 \cdot 8H_2O$	265,77	42 451
$5SiO_3$	380,30	58 013	SrS	119,69	07 806
$6SiO_3$	456,36	65 931	$Sr(SH)_2$	153,77	18 687
Si_2O_7	168,12	22 562	$SrSO_4$	183,69	26 409
$2Si_2O_7$	336,24	52 665	SrS_2O_3	199,75	30 049
$3Si_2O_7$	504,36	70 274			
SiO_4	92,06	96 407			

Spiegazioni della Tavola 2, vedi pag. 115.

Pesi e logaritmi di atomi, gruppi atomici, molecole od equivalenti, frequentemente usati

	Peso	log
Ta	180,88	25 739
2Ta	361,76	55 842
Ta_2O_5	441,76	64 519
Te	127,61	10 588
TeO_2	159,61	20 306
TeO_3	175,61	24 455
Th	232,12	36 571
$Th(NO_3)_4 \cdot 4H_2O$	552,21	74 210
$Th(NO_3)_4 \cdot 12H_2O$	696,34	84 282
ThO_2	264,12	42 180
$Th(Ox)_4$ (Oxin)	808,3	90 757
Ti	47,90	68 034
2Ti	95,80	98 137
3Ti	143,70	15 746
TiO_2	79,90	90 255
$TiO(Ox)_2$ (Oxin)	352,01	54 655
$Ti_3(PO_4)_4$	523,78	71 915
Tl	204,39	31 046
TlJ	331,31	52 023
U	238,14	37 683
2U	476,28	67 786
3U	714,42	85 395
UO_2	270,14	43,159
U_3O_8	842,42	92 553
$UO_2(Ox)_2(OxH)$ [1]	703,3	84 714
$(UO_2)_2P_2O_7$	714,32	85 389
V	50,95	70 714
2V	101,90	00 817
VCl_3	121,86	08 586
V_2O_3	149,90	17 580
V_2O_5	181,90	25 983
VO_3	98,95	99 542
V_2O_7	213,90	33 021
VO_4	114,95	06 051
W	184,0	26 482
WO_3	232,0	36 549
Y	88,92	94 900
2Y	177,84	25 003
Y_2O_3	225,84	35 380
Yb	173,04	23 815
2Yb	346,08	53 918
Yb_2O_3	394,08	59 559
Zn	65,38	81 544
$\frac{1}{2}$Zn	32, 690	51 441
2Zn	130,76	11 647
3Zn	196,14	29 257
$ZnCO_3$	125,38	09 823
$ZnCl_2$	136,29	13 446
$ZnCl_2 \cdot 1,5H_2O$	163,32	21 304
$Zn(NH_4)PO_4$	178,44	25 149
ZnO	81,38	91 052
$Zn(Ox)_2$ [1]	353,5	54 839
$Zn_2P_2O_7$	304,80	48 402
$ZnPy_2(CNS)_2$ [2]	339,6	53 097
ZnS	97,44	98 874
$ZnSO_4$	161,44	20 801
$ZnSO_4 \cdot 7H_2O$	287,55	45 871
Zr	91,22	96 009
ZrO_2	123,22	09 068

Spiegazioni della Tavola 2, vedi pag. 115.

[1]) Ossina.
[2]) Piridina.

TAVOLA 3

Multipli superiori di alcuni pesi atomici e molecolari con logaritmi corrispondenti.

C_7 a C_{42}	lg	H_7 a H_{42}	lg	O_7 a O_{42}	lg
7: 84,000	92 428	7: 7,0546	84 847	7: 112,0000..	04 922
8: 96,000	98 227	8: 8,0624	90 646	8: 128,0000..	10 721
9: 108,000	03 342	9: 9,0702	95 762	9: 144,0000..	15 836
10: 120,00	07 918	10: 10,078	00 337	10: 160,0000..	20 412
11: 132,00	12 057	11: 11,086	04 477	11: 176,0000..	24 551
12: 144,00	15 836	12: 12,094	08 257	12: 192,0000..	28 330
13: 156,00	19 312	13: 13,101	11 730	13: 208,0000..	31 806
14: 168,00	22 531	14: 14,109	14 950	14: 224,0000..	35 025
15: 180,00	25 527	15: 15,117	17 947	15: 240,0000..	38 021
16: 192,00	28 330	16: 16,125	20 750	16: 256,0000..	40 824
17: 204,00	30 963	17: 17,133	23 383	17. 272,0000..	43 457
18: 216,00	33 445	18: 18,140	25 864	18: 288,0000..	45 939
19: 228,00	35 793	19: 19,148	28 212	19: 304,0000..	48 287
20: 240,00	38 021	20: 20,156	30 440	20: 320,0000..	50 515
21: 252,00	40 140	21: 21,164	32 560	21: 336,0000..	52 634
22: 264,00	42 160	22: 22,172	34 580	22: 352,0000..	54 654
23: 276,00	44 091	23: 23,179	36 509	23: 368,0000..	56 585
24: 288,00	45 939	24: 24,187	38 358	24: 384,0000..	58 433
25: 300,00	47 712	25: 25,195	40 131	25: 400,0000..	60 206
26: 212,00	49 415	26: 26,203	41 835	26: 416,0000..	61 909
27: 324,00	51 055	27: 27,211	43 474	27: 432,0000..	63 548
28: 336,00	52 634	28: 28,218	45 053	28: 448,0000..	65 128
29: 348,00	54 158	29: 29,226	46 577	29: 464,0000..	66 652
30: 360,00	55 630	30: 30,234	48 050	30: 480,0000..	68 124
31: 372,00	57 054	31: 31,242	49 474	31: 496,0000..	69 548
32: 384,00	58 433	32: 32,250	50 853	32: 512,0000..	70 927
33: 396,00	59 770	33: 33,257	52 188	33: 528,0000..	72 263
34: 408,00	61 066	34: 34,265	53 485	34: 544,0000..	73 560
35: 420,00	62 325	35: 35,273	54 744	35: 560,0000..	74 819
36: 432,00	63 548	36: 36,281	55 968	36: 576,0000..	76 042
37: 444,00	64 738	37: 37,289	57 158	37: 592,0000..	77 232
38: 456,00	65 896	38: 38,296	58 315	38: 608,0000..	78 390
39: 468,00	67 025	39: 39,304	59 444	39: 624,0000..	79 518
40: 480,00	68 124	40: 40,312	60 543	40: 640,0000..	80 618
41: 492,00	69 197	41: 41,320	61 616	41: 656,0000..	81 690
42: 504,00	70 243	42: 42,328	62 663	42: 672,0000..	82 737

Spiegazioni della Tavola 3, vedi pag. 118.

Multipli superiori di alcuni pesi atomici e molecolari con logaritmi corrispondenti.

Al_7 a Al_{15}	lg
7: 188,79	27 598
8: 215,76	33 397
9: 242,73	38 512
10: 269,7	43 088
11: 296,7	47 232
12: 323,6	51 001
13: 350,6	54 481
14: 377,6	57 703
15: 404,6	60 703

Br_7 a Br_{12}	lg
7: 559,412	74 773
8: 639,328	80 572
9: 719,244	85 888
10: 799,16	90 263
11: 879,08	94 403
12: 958,99	98 181

Cl_7 a Cl_{21}	lg
7: 248,199	39 480
8: 283,656	45 279
9: 319,113	50 394
10: 354,57	54 970
11: 390,03	59 110
12: 425,48	62 888
13: 460,94	66 364
14: 496,40	69 583
15: 531,86	72 580
16: 567,31	75 382
17: 602,77	78 015
18: 638,23	80 498
19: 673,68	82 845
20: 709,14	85 073
21: 744,60	87 192

N_7 a N_{24}	lg
7: 98,056	99 147
8: 112,064	04 947
9: 126,072	10 062
10: 140,08	14 638
11: 154,09	18 777
12: 168,10	22 557
13: 182,10	26 031
14: 196,11	29 250
15: 210,12	32 247
16: 224,13	35 050
17: 238,14	37 683
18: 252,14	40 164
19: 266,15	42 513
20: 280,16	44 741
21: 294,17	46 860
22: 308,18	48 880
23: 322,18	50 810
24: 336,19	52 658

Si_7 a Si_{21}	lg
7: 196,42	29 319
8: 224,48	35 118
9: 252,54	40 233
10: 280,6	44 809
11: 308,7	48 954
12: 336,7	52 724
13: 364,8	56 205
14: 392,8	59 417
15: 420,9	62 418
16: 449,0	65 225
17: 477,0	67 852
18: 505,1	70 338
19: 533,1	72 681
20: 561,2	74 912
21: 589,3	77 084

H_2O	lg
7: 126,109	10 075
8: 144,125	15 874
9: 162,140	20 989
10: 180,156	25 565
11: 198,172	29 704
12: 216,187	33 483
13: 234,203	36 959
14: 252,218	40 178
15: 270,234	43 174
16: 288,250	45 977
17: 306,265	48 610
18: 324,281	51 092
19: 342:296	53 440
20: 360,312	55 668
21: 378,328	57 787
22: 396,343	59 807
23: 414,359	61 738
24: 432,374	63 586
25: 450,390	65 359
26: 468,406	67 062
27: 486,421	68 701
27: 504,437	70 281
29: 522,452	71 805
30: 540,468	73 277
31: 558,484	74 701
32: 576,499	76 080
33: 594,515	77 416
34: 612,530	78 713
35: 630,546	79 972
36: 648,562	81 195
37: 666,577	82 385
38: 684,593	83 543
39: 702,608	84 671
40: 720,624	85 771
41: 738,640	86 843
42: 756,655	87 890

Spiegazioni della Tavola 3, vedi pag. 118.

1 cm^3 / 1 litro { di soluzione titolata della normalità data indica: } mg / g						
Soluzione titolata	0,1 n ($^1/_{10}$)		0,2 n ($^1/_5$)		0,5 n ($^1/_2$)	
Sostanze cercate	quantità	log	quantità	log	quantità	log
Potassa caustica, soda caustica (Ammonica solo con Metilarancio)						
HBr	8,0924	90 808	16,1848	20 911	40,462	60 705
HCl	3,6465	56 188	7,2930	86 291	18,2325	26 085
HJ	12,793	10 697	25,586	40 800	63,965	80 594
HNO_3	6,3016	79 945	12,6032	10 048	31,5080	49 842
H_3PO_4 (con metilaran. o metilar. fino a fenolft.)	9,804	99 140	19,608	29 243	49,020	69 037
PO_4	9,502	97 782	19,004	27 884	47,510	67 679
P_2O_5	7,102	35 138	14,204	15 241	35,510	55 035
H_3PO_4 (con fenolftaleina)	4,902	69 037	9,804	99 140	24,510	38 934
PO_4	4,751	67 679	9,502	97 782	23,755	37 576
P_2O_5	3,551	55 035	7,102	35 138	17,755	24 932
P (fosfomolibdato)	0,1349	13 001	0,2697	43 088	0,6744	82 892
H_2SO_4	4,904	69 055	9,808	99 158	24,520	38 952
SO_3	4,003	60 239	8,006	90 342	20,015	30 136
SO_4	4,803	68 151	9,606	98 254	24,015	38 048
$HCHO_2$	4,602	66 295	9,203	96 398	23,008	36 188
$HC_2H_3O_2$	6,003	77 837	12,006	07 940	30,02	47 741
$H_2C_2O_4$	4,501	65 331	9,002	95 434	22,504	35 226
$H_2C_2O_4 \cdot 2H_2O$	6,302	79 948	12,605	10 055	31,512	49 848
$KHC_4H_4O_6$	18,814	27 448	37,627	57 550	94,068	97 344
$NaHSO_4$	12,006	07 940	24,012	38 043	60,032	77 838
Al	0,899	95 376	1,798	25 478	4,495	65 273
Al_2O_3	1.699	23 019	3,398	53 122	8.495	92 916
Acido cloridrico, acido nitrico, acido solforico (acido ossalico solo in presenza di sali di calcio e con metilarancio)						
KOH	5,6104	74 899	11,2208	05 002	28,0519	44 796
$KHCO_3$	10,010	00 043	20,021	30 148	50,052	69 942
K_2CO_3	6,910	83 948	13,819	14 048	34,548	53 842
NaOH	4,0005	60 211	8,0010	90 314	20,0024	30 108
$NaHCO_3$	$8{,}400_5$	92 431	16,801	22 534	42,002	62 327
Na_2CO_3	5,2997	72 425	10,599	02 528	26,498	42 322
$Na_2CO_3 \cdot 2H_2O$	7,1013	85 134	14,203	15 238	35,506	55 030
$Na_2CO_3 \cdot 10H_2O$	14,3075	15 556	28,615	45 659	71,538	85 454
Li_2CO_3	3,6940	56 750	7,3880	86 853	18,4700	26 647
NH_3	1,7031	23 124	3,4062	53 227	8,5155	93 021
NH_4Cl	5,3496	72 832	10,6992	02 935	26,7480	42 729
NH_4NO_3	8,0047	90 335	16,0094	20 438	40,0235	60 232

Spiegazioni della Tavola 4 *A*, vedi pag. 119.

1 cm^3 / 1 litr { di soluzione titolata della normalità data indica: } mg / g						
Soluzione titolata	0,1 n (1/10)		0,2 n (1/5)		0,5 n (1/2)	
Sostanza cercata	quantità	lg	quantità	lg	quantità	lg
Acido cloridrico, acido nitrico, acido solforico (acido ossalico solo in presenza di sali di calcio e con metilarancio)						
$(NH_4)_2SO_4$	6,6070	82 000	13,214	12 103	33,035	51 897
N	1,4008	14 638	2,8016	44 741	7,0040	84 535
6,25 N (albumina)	8,755	94 226	17,51	24 328	43,78	64 128
6,4 N (caseina)	8,965	95 256	17,93	25 358	44,83	65 158
CO_2	4,400	64 345	8,800	94 448	22,000	34 242
CaO	2,804	44 778	5,608	74 881	14,020	14 675
$Ca(OH)_2$	3,705	56 879	7,410	86 982	18,524	26 774
$CaCO_3$	5,004	69 927	10,008	00 034	25,020	39 829
MgO	2,016	30 449	4,032	60 552	10,080	00 346
$MgCO_3$	4,216	62 490	8,432	92 593	21,080	32 387

Soluzione titolata	0,1 n (1/10)		Soluzione titolata	0,1 n (1/10)	
Sostanza cercata	quantità	lg	**Sostanza cercata**	quantità	lg
Permanganato di potassio			Permanganato di potassio		
O	0,8000	90 309	Fe	5,584	74 695
H_2O_2	1,7008	23 065	FeO	7,184	85 637
$H_2C_2O_4$	4,501	65 331	Fe_2O_3	7,984	90 222
$H_2C_2O_4 \cdot 2\,H_2O$	6,302	79 948	$FeSO_4 \cdot 7H_2O$	27,801	44 406
$Na_2C_2O_4$	6,6997	82 606	$(NH_4)_2FeSO_4-(SO_4)_2 \cdot 6H_2O$	39,218	59 343
Ca	2,004	30 190	$Fe_2(SO_4)_3 \cdot 9H_2O$	28,100	44 871
CaO	2,804	44 778	Mo } secondo Auchy	3,3882	52 997
$CaCO_3$	5,004	69 932	MoO_3 } secondo Auchy	5,0824	70 607
Cu (rid. zucchero)	6,357	80 325	Mo } secondo Kassler	3,200	50 515
Mn } (secondo Volhard-Wolff)	1,648	21 696	MoO_3 } secondo Kassler	4,800	68 124
MnO } (secondo Volhard-Wolff)	2,128	32 797	PbO_2	11,961	07 777
Mn_2O } (secondo Volhard-Wolff)	2,608	41 631	S (secondo Pinsl)	2,004	30 184
Mn (secondo Hampe)	2,7465	43 878	S_2O_8''	9,606	98 254
$KMnO_4$	3,1605	49 976	Sb	6,0880	78 447
N_2O_3	1,9004	27 884	Sb_2O_3	7,2880	86 261
N_2O_4	4,6008	66 283	U	11,907	07 580
HNO_2	2,3508	37 121	U_3O_8	14,040	14 738
Cr	1,7337	23 897	V	5,095	70 714
Cr_2O_3	2,5337	40 375	V_2O_5	9,095	95 880
CrO_4''	3,8670	58 787			

Spiegazioni della Tavola 4 *A*, vedi pag. 119.

1 cm^3 / 1 litro { di soluzione titolata della normalità data indica: } mg / g

Soluzione titolata	0,1 n ($^1/_{10}$)	
Sostanza cercata	quantità	lg
Nitrato d'argento		
Cl'	3,5457	54 970
$CaCl_2$	5,550	74 425
HCl	3,6465	56 188
KCl	7,4553	87 247
$MgCl_2$	4,762	67 776
NaCl	5,8454	76 681
NH_4Cl	5,3496	72 832
Br'	7,9916	90 263
HBr	8,0924	90 808
KBr	11,9012	07 559
NaBr	10,2913	01 247
NH_4Br	9,7955	99 108
Cloruro di sodio		
Ag	10,7880	03 294
$AgNO_3$	16,9888	23 016
Bromato di Potassio		
As	3,7455	57 351
Sb	6,088	78 447
Sn	5,935	77 342
C_9H_7ON (Ossima)	3,627	55 949
C_9H_6ON (radicale ossima)	3,601	55 646
Al (come composti di ossima)	0,2248	35 170
Bi (come composti di ossima)	1,7417	24 097
Cd (come composti di ossima)	1,4051	14 771
Co (come composti di ossima)	0,7368	86 732

Soluzione titolata	0,1 n ($^1/_{10}$)	
Sostanza cercata	quantità	lg
Nitrato d'argento		
J'	12,692	10 353
HJ	12,793	10 697
KJ	16,602	22 016
NaJ	14,992	17 586
NH_4J	14,496	16 125
HCN secondo Mohr	2,702	43 169
KCN secondo Mohr	6,510	81 358
HCN secondo Liebig	5,403	73 263
KCN secondo Liebig	13,021	11 464
Rodanato d'ammonio		
Ag	10,7880	03 294
$AgNO_3$	16,9888	23 016
Hg	10,0305	00 132
HgO	10,8305	03 465
Bromato di Potassio		
Fe (come composti di ossima)	0,4653	66 777
Mg (come composti di ossima)	0,3040	48 287
Mn (come composti di ossima)	0,6866	83 672
Ni (come composti di ossima)	0,7336	86 547
Th (come composti di ossima)	1,4507	16 159
Ti (come composti di ossima)	0,5988	77 725
U (come composti di ossima)	1,9845	29 765
Zn (come composti di ossima)	0,8273	91 235

Spiegazioni della Tavola 4 *A*, vedi pag. 119.

1 cm³ / 1 litro } di soluzione titolata della normalità data indica: { mg / g

Soluzione titolata	0,1 n (1/10)	
Sostanza cercata	quantità	lg
Iodio		
As	3,7455	57 351
As_2O_3	4,9455	69 421
As_2O_5	5,7455	75 938
Sb	6,088	78 447
Sb_2O_3	7,288	86 261
$KSbOC_4H_4O_6 \cdot {}^1/_2H_2O$	16,695	22 259
Hg	10,0305	00 132
$HgCl_2$	13,576	13 277
$HgClNH_2$	12,605	10 053
Sn	5,935	77 342
SnO	6,735	82 834
H_2S	1,704	23 147
NaHS	2,803	44 762
Na_2S	3,9025	59 134
SO_2	3,203	50 556
SO_3''	4,003	60 238
H_2SO_3	4,104	61 321
Na_2SO_3	6,3025	79 951
$Na_2S_2O_3$	15,811	19 896
$Na_2S_2O_3 \cdot 5H_2O$	24,819	39 478

Soluzione titolata	0,1 n (1/10)	
Sostanza cercata	quantità	lg
Tiosolfato di sodio		
Cl_2	3,5457	54 970
Br_2	7,9916	90 263
J_2	12,692	10 353
BrO_3'	2,1319	32 877
$KBrO_3$	2,7835	44 456
HClO	2,6232	41 883
NaClO	3,7227	57 089
$HClO_3$	1,4078	14 854
$KClO_3$	2,0426	31 018
$NaClO_3$	1,7742	24 900
H_2O_2	1,7008	23 065
As	3,7455	57 351
MnO_2	4,3465	63 814
Cr	1,7337	23 897
Cr_2O_3	2,5337	40 376
$K_2Cr_2O_7$	4,9035	69 051
$Na_2Cr_2O_7$	4,3669	64 017
Cu	6,357	80 325
$CuSO_4$	15,963	20 311
$CuSO_4 \cdot 5\ H_2O$	24,971	39 744
Fe	5,584	74 695
$FeCl_3$	16,271	21 008
$FeSO_4$	15,190	18 156
$FeSO_4 \cdot 7H_2O$	27,801	44 406
C_2H_5OH	1,5674	19 518
$Na_2S_2O_3 \cdot 5\ H_2O$	24,819	39 478

Spiegazioni della Tavola 4 *A*, vedi pag. 119.

B. Correzioni per la spinta d'aria nelle pesate rigorose

Dovendosi pesare nell'aria una data quantità di una delle sostanze sottoindicate, per ottenere quantità esatte, cioè corrispondenti al loro peso nel vuoto (teorico), si devono *sottrarre* prima di pesare, certi importi (correzioni) dai pesi teorici. Le correzioni sono espresse in mg per ogni peso di 1 g, anzi sotto «o» se vengono adoperati pesi di ottone (d = 8,4), sotto «p», se pesi di platino (d = 21,5).
Le correzioni con segno negativo non devono essere sottratte ma addizionate al peso teorico.

Esempio: Sieno da pesare nell'aria esattamente 100 mval = 0,1 val di cloruro di sodio = 5,84549 di peso nel vuoto. Il peso nell'aria, corrispondente è:

5,8454 g — 5 (ottone) × 0,41 mg — 0,85 (platino) × 0,50 mg =
= (5,8454 — 0,0025) g = 5,8429 g.

Sostanza	d	o	p	Sostanza	d	o	p
Ag	10,5	— 0,03	+ 0,06	KCl	1,99	+ 0,46	+ 0,55
AgCl	5,56	+ 0,07	+ 0,16	$K_2Cr_2O_7$	2,70	+ 0,30	+ 0,39
$AgNO_3$	4,35	+ 0,13	+ 0,22	$KHCO_3$	2,17	+ 0,41	+ 0,50
Al	2,60	+ 0,32	+ 0,41	KJ	3,07	+ 0,25	+ 0,34
As_2O_3	3,87	+ 0,17	+ 0,25	KJO_3	3,89	+ 0,17	+ 0,26
Au	19,3	— 0,07	+ 0,01	$KMnO_4$	2,70	+ 0,30	+ 0,39
$BaSO_4$	4,40	+ 0,13	+ 0,22	NH_4Cl	1,53	+ 0,64	+ 0,73
C_2H_5OH	0,79	+ 1,44	+ 1,52	$Na_2B_4O_7.10\,aq$	1,70	+ 0,56	+ 0,65
$CaCO_3$ [1]	2,90	+ 0,27	+ 0,36	Na_2CO_3	2,47	+ 0,34	+ 0,43
Cu	8,9	— 0,01	+ 0,08	$Na_2C_2O_4$	2,69	+ 0,30	+ 0,39
Fe	7,8	+ 0,02	+ 0,10	NaCl [2]	2,17	+ 0,41	+ 0,50
$H_2C_2O_4.2\,aq$	1,64	+ 0,59	+ 0,68	$Na_2S_2O_3.5\,aq$	1,73	+ 0,55	+ 0,64
H_2O	1,00	+ 1,06	+ 1,14	Pb	11,4	— 0,04	+ 0,05
Hg	13,55	— 0,05	+ 0,03	Pt	21,5	— 0,09	0,00
J_2	4,95	+ 0,10	+ 0,19	Sn	7,3	+ 0,03	+ 0,11
$KrBrO_3$	3,24	+ 0,23	+ 0,32	Zn	7,1	+ 0,03	+ 0,11

[1]) Precipitato a caldo.
[2]) Fuso.

Spiegazioni della Tavola 4 *B*, vedi a pag. 120.

Tavola 4

C. Pesi equivalenti volumetrici con logaritmi.

(Pesi aria secondo Schoorl-Kolthoff)

N.	Sostanza	Formula	Peso	lg
1	Triossido di Arsenico	$\frac{1}{4}As_2O_3$	49,46	69 425
2	Acido Benzoico	$C_7H_6O_2$	122,00	08 636
3	Borace	$\frac{1}{2}Na_2B_4O_7\cdot10H_2O$	190,61	28 014
4	Difenilguanidina	$C_{13}H_{13}N_3$	211,17	32 463
5	Solfato di Idrazina	$\frac{1}{2}N_2H_6SO_4$	65,018	81 304
6	Solfato di Idrazina	$\frac{1}{4}N_2H_6SO_4$	32,509	51 201
7	Iodio	$\frac{1}{2}J_2$	126,91	10 349
8	Iodiocianuro	$\frac{1}{2}CNJ$	76,450	88 338
9	Potassio Bicarbonato	$KHCO_3$	100,07	00 030
10	» Bicromato	$\frac{1}{6}K_2Cr_2O_7$	49,012	69 030
11	Potassio Biiodato	$KHJO_3$	389,85	59 090
12	» »	$^1/_{12}KHJO_3$	32,490	51 175
13	» Biftalato	$KC_8H_5O_4$	204,06	30 976
14	» Bromato	$\frac{1}{6}KBrO_3$	27,828	44 448
15	» Bromuro	KBr	118,98	07 548
16	Potassio Cloruro	KCl	74,53	87 233
17	» Ferricianuro	$K_3Fe(CN)_6$	329,1	51 733
18	» Ferrocianuro	$J_4Fe(CN)_6\cdot3H_2O$	422,15	62 547
19	» Iodato	$\frac{1}{2}KJO_3$	106,99	02 934
20	» Iodato	$\frac{1}{6}KJO_3$	35,66	55 218
21	Potassio Ioduro	$\frac{1}{2}KJ$	82,99	91 903
22	Sale di Mohr	$(NH_4)_2Fe(SO_4)_2\cdot6H_2O$	391,90	59 318
23	Sodio Carbonato	$\frac{1}{2}Na_2CO_3$	52,98	72 411
24	» Cloruro	$NaCl$	58,44	76 671
25	» Ossalato	$\frac{1}{2}Na_2C_2O_4$	66,98	82 595
26	Sodio Tiosolfato	$Na_2S_2O_3\cdot5H_2O$	248,05	39 454
27	Acido ossalico	$\frac{1}{2}H_2C_2O_4\cdot2H_2O$	62,99	79 927
28	Mercurio	$\frac{1}{2}Hg$	100,30	00 130
29	» ossido	$\frac{1}{2}HgO$	108,30	03 463
30	Argento	Ag	107,88	03 294
31	Argento nitrato	$AgNO_3$	169,87	23 012

Spiegazioni della Tavola 4 *C*, vedi a pag. 119.

Cercato	Trovato	Fattore	log
Ag	AgBr	0,5745	75 925
	AgCl	0,7526	87 658
	Ag_2S	0,8706	93 983
Al	Al_2O_3	0,5291	72 357
	$Al(Ox)_3$ (Ossina)	0,05874	76 897
	$AlPO_4$	0,2211	34 456
Al_2O_3	$AlPO_4$	0,4178	62 099
$Al_2O_3 \cdot 2\,SiO_2 \cdot 2\,H_2O$	H_2O (perdita alla calcinazione)	7,163	85 509
$Al_2(SO_4)_3$	Al_2O_3	3,3562	52 584
As	As_2O_3	0,7574	87 930
	As_2S_3	0,6090	78 463
	As_2S_5	0,4831	68 404
	$(NH_4MgAsO_4)_2 \cdot H_2O$	0,3937	59 516
	$Mg_2As_2O_7$	0,4826	68 357
	$Mg_2P_2O_7$	0,6728	82 789
	$BaSO_4$	0,2140	33 031
	Sb	0,6152	78 904
As_2O_3	As	1,320	12 070
	As_2S_3	0,8041	90 533
	As_2S_5	0,6379	80 474
	$(NH_4MgAsO_4)_2 \cdot H_2O$	0,5198	71 586
	$Mg_2As_2O_7$	0,6372	80 427
	$Mg_2P_2O_7$	1,8884	94 859
	$BaSO_4$	0,2825	45 101
As_2O_5	As_2S_3	0,9342	97 045
	As_2S_5	0,7411	86 986
	$(NH_4MgAsO_4)_2 \cdot H_2O$	0,6039	78 098
	$Mg_2As_2O_7$	0,7403	86 939
	$Mg_2P_2O_7$	1,032	01 371
	$BaSO_4$	0,3282	51 613

Spiegazioni della Tavola 5, vedi pag. 120.

Cercato	Trovato	Fattore	log
AsO_3	A_2S_3	0,9993	99 968
	As_2S_5	0,7927	89 903
	$(NH_4MgAsO_4)_2 \cdot H_2O$	0,6460	81 021
	$Mg_2As_2O_7$	0,7918	89 862
	$Mg_2P_2O_7$	1,104	04 294
	$BaSO_4$	0,3510	54 536
AsO_4	As_2S_3	1,129	05 282
	As_2S_5	0,8958	95 228
	$(NH_4MgAsO_4)_2 \cdot H_2O$	0,7301	86 325
	$Mg_2As_2O_7$	0,8949	95 176
	$Mg_2P_2O_7$	1 248	09 608
	$BaSO_4$	0,3967	59 850
B	B_2O_3	0,3107	49 240
	KBF_4	0,08593	93 414
BO_2	B_2O_3	1,230	08 982
BO_3	B_2O_3	1,689	22 770
B_4O_7	B_2O_3	1,115	04 723
Ba	$BaCO_3$	0,6960	84 260
	$BaCrO_4$	0,5421	73 410
	$BaSO_4$	0,5885	76 972
	$BaSiF_6$	0,4916	69 160

Spiegazioni della Tavola 5, vedi pag. 120.

Cercato	Trovato	Fattore	log
$BaCO_3$	$BaCrO_4$	0,7789	89 150
	$BaSO_4$	0,8455	92 712
$BaCl_2$	$BaSO_4$	0,8923	95 049
$BaCl_2 \cdot 2H_2O$	$BaSO_4$	1,047	01 980
$Ba(NO_3)_2$	$BaCrO_4$	1,032	01 351
BaO	$BaCO_3$	0,7771	89 045
	$BaCrO_4$	0,6053	78 195
	$BaSO_4$	0,6570	81 757
	$BaSiF_6$	0,5489	73 945
Be	BeO	0,3605	55 692
	$Be_2P_2O_7$	0,09392	97 276
BeO	$Be_2P_2O_7$	0,2605	41 584
Bi	$BiC_6H_3O_3$ (Pirogallolo)	0,6295	79 899
	$BiCr(CNS)_6$	0,3430	53 524
	Bi_2O_3	0,8970	95 279
	BiOCl	0,8024	90 441
	$(BiO)_2Cr_2O_7$	0,6276	79 770
	$Bi(Ox)_3$ (Ossima)	0,3260	51 316
	$Bi(Ox)_3 \cdot H_2O$	0,3171	50 113
	$BiPO_4$	0,6875	83 725
	Bi_2S_3	0,8130	91 007
	$Bi_2(SeO_3)_3$	0,5232	71 870
Br	AgBr	0,4255	62 894
	AgCl	0,5575	74 627
C	CO_2	0,2727	43 573
	CaC_2	0,3745	57 349
C_2H_2	AgCl	0,09077	95 792
	CuO	0,1635	21 353

Spiegazioni della Tavola 5, vedi pag. 120.

Cercato	Trovato	Fattore	log
CH_3O	AgJ	0,1321	12 094
C_2H_5O	AgJ	0,1918	28 290
CN	Ag	0,2411	38 220
	AgCN	0,1943	28 839
CNS	AgCNS	0,3499	54 397
	$BaSO_4$	0,2488	39 581
	CuCNS	0,4774	67 887
CO_2	$CaCO_3$	0,4397	64 311
	CaO	0,7846	89 464
	HCO_3	0,7212	85 805
	MgO	1,091	03 793
CO_3	CO_2	1,364	13 470
C_2O_4	CO_2	1,0000	00 000
	CaO	1,569	19 567
Ca	$CaCO_3$	0,4005	60 259
	$CaC_2O_4 \cdot H_2O$	0,2743	43 828
	CaF_2	0,5133	71 039
	CaO	0,7147	85 412
	$CaSO_4$	0,2944	46 894
$CaCN_2$	N	2,859	45 622
$CaCO_3$	CO_2	2,275	35 689
	CaO	0,6850	83 569
	$CaC_2O_4 \cdot H_2O$	1,785	25 153
	$CaSO_4$	0,7351	86 635
$CaCl_2$	CaO	1,979	29 647
	Cl	1,565	19 455

Spiegazioni della Tavola 5, vedi pag. 120.

Cercato	Trovato	Fattore	log
CaF_2	CaO	1,392	14 373
	$CaSO_4$	0,5735	75 855
CaO	Ca	1,399	14 588
	CO_2	1,275	10 536
	CaC_2	0,8751	94 209
	$CaCN_2$	0,7001	84 518
	$CaCO_3$	0,5604	74 847
	$CaC_2O_4 \cdot H_2O$	0,3838	58 416
	CaF_2	0,7182	85 627
	$CaSO_4$	0,4119	61 482
	$CaSO_4 \cdot 2H_2O$	0,3257	51 285
	Cl	0,7908	89 808
	H_2O	3,113	49 316
	MgO	1,391	14 329
	N	2,003	30 140
	N_2O_5	0,5192	71 532
	P_2O_5	1,184	07 352
	SO_3	0,7005	84 539
$Ca(OH)_2$	CaO	1,321	12 101
$Ca_3(PO_4)_2$	CaO	1,844	26 582
	$Mg_2P_2O_7$	1,393	14 407
	P_2O_5	2,184	33 934
$CaSO_4$	$BaSO_4$	0,5832	76 585
	CaO	2,428	38 518
	SO_3	1,7000	23 057
Cd	CdO	0,8754	94 220
	$Cd(Ox)_2$ (Ossima)	0,2807	44 820
	$Cd(Ox)_2 \cdot 1{,}5H_2O$	0,2629	41 986
	$Cd_2P_2O_7$	0,5637	75 101
	$CdPy_2(CNS)_2$ [1]	0,2907	46 343
	CdS	0,7781	89 103
	$CdSO_4$	0,5392	73 176
CdO	$Cd_2P_2O_7$	0,6439	80 881
	CdS	0,8888	94 882
	$CdSO_4$	0,6160	78 956

Spiegazioni della Tavola 5, vedi pag. 120.

[1]) Piridina.

Cercato	Trovato	Fattore	log
Ce	Ce_2O_3	0,8538	93 134
	CeO_2	0,8141	91 067
Cl	Ag	0,3287	51 676
	AgCl	0,2474	39 334
	MgO	1,759	24 521
	NaCl	0,6066	78 289
ClO_3	AgCl	0,5822	76 510
ClO_4	AgCl	0,6939	84 128
Co	$Co[C_{10}H_6O(NO)]_3$ [1] $\cdot 2H_2O$	0,09645	98 430
	$Co(Ox)_2 \cdot 2H_2O$ [2]	0,1539	18 710
	$Co_2P_2O_7$	0.4038	60 618
	$CoSO_4$	0.3803	58 008
CoO	Co	1,271	10 430
	$Co_2P_2O_7$	0,5134	71 048
	$CoSO_4$	0,4835	68 438
Cr	$BaCrO_4$	0,2053	31 233
	Cr_2O_3	0,6843	83 522
	$CrPO_4$	0,3537	54 868
	$PbCrO_4$	0,1609	20 658
Cr_2O_3	$BaCrO_4$	0,3000	47 711
	Cr	1,461	16 478
	$PbCrO_4$	0,2352	37 136
CrO_3	$BaCrO_4$	0,3947	59 628
	Cr_2O_3	1,316	11 917
	$PbCrO_4$	0,3094	49 053
Cr_2O_7	$BaCrO_4$	0,4263	62 970
	Cr_2O_3	1,421	15 259
CrO_4	$BaCrO_4$	0,4579	66 074
	Cr_2O_3	1,526	18 363
	$PbCrO_4$	0,3589	55 499

Spiegazioni della Tabella 5, vedi pag. 120.

[1]) Piridina.

[2]) Ossina.

Cercato	Trovato	Fattore	log
Cs	Cs_2SO_4	0,7346	86 602
Cu	CuCNS	0,5226	71 817
	$Cu(C_7H_6O_2N)_2$ [1]	0,1894	27 730
	CuO	0,7989	90 250
	$Cu(Ox)_2$ (Ossina)	0,1808	25 708
	Cu_2S	0,7986	90 234
	CuS	0,6648	82 266
$CuCl_2$	CuO	1,690	22 791
$CuFeS_2$	Cu_2S	2,306	36 280
Cu_2O	CuO	0,8995	95 398
CuO	Cu	1,252	09 750
	CuCNS	0,6541	81 567
	Cu_2S	0,9996	99 984
$CuSO_4$	CuO	2,006	30 236
$CuSO_4 \cdot 5H_2O$	Cu	3,928	59 419
	CuCNS	2,053	31 236
	CuO	3,138	49 669
	Cu_2S	3,137	49 653
Er	Er_2O_3	0,8748	94 189
F	CaF_2	0,4867	68 724
	$CaSO_4$	0,2791	44 579
	PbClF	0,07261	86 098
	SiF_4	0,7304	86 353
Fe	Fe_2O_3	0,7773	89 058
	Fe_3O_4	0,6994	84 473
	$Fe(Ox)_3$ (Ossina)	0'1144	05 853
$Fe(CN)_6$	AgCN	0,2638	42 122
$FeCl_2$	Fe	2,270	35 600
$FeCl_3$	Fe	2,905	46 313
	Fe_2O_3	2,032	30 786

Spiegazioni della Tavola 5, vedi pag. 120.

[1]) Aldossina salicilica.

Cercato	Trovato	Fattore	log
$Fe(HCO_3)_2$	Fe_2O_3	2,228	34 786
FeJ_2	Fe	5,546	74 396
FeO	Fe	1,287	10 942
	Fe_2O_3	0,8998	95 415
Fe_2O_3	Fe	1,430	15 527
	FeO	1,111	04 585
	$FePO_4$	0,5292	72 365
FeS_2	Fe_2O_3	1,503	17 682
$FeSO_4 \cdot 7\,H_2O$	Fe	4,979	69 711
$Fe_2(SO_4)_3$	Fe	3,580	55 393
	Fe_2O_3	2,504	39 866
H	H_2O	0,1119	04 875
HBO_2	B_2O_3	1,259	09 994
H_3BO_3	B_2O_3	1,776	24 944
HBr	AgBr	0,4309	63 439
HCN	Ag	0,2505	39 875
	AgCN	0,2018	30 494
H_2CN_2	N	1,500	17 615
$(H_2CN_2)_2$	N	1,500	17 615
	$Ni(C_2H_5N_4O)_2$	0,6446	80 926
HCO_3	CO_2	1,387	14 195
$H_2C_2O_4$	CO_2	1,023	00 986
	CaO	1,605	20 553
$H_2C_4H_4O_6$	$CaC_4H_4O_6 \cdot 4\,H_2O$	0,5767	76 098
HCl	AgCl	0,2544	40 552
	Cl	1,028	01 218
$HClO_4$	AgCl	0,7009	84 565
HF	CaF_2	0,5126	70 974
	$CaSO_4$	0,2940	46 829
	SiF_4	0,7692	88 603

Spiegazioni della Tavola 5, vedi pag. 120.

Cercato	Trovato	Fattore	log
$H_3Fe(CN)_6$	AgCN	0,2675	42 737
$H_4Fe(CN)_6$	AgCN	0,2688	42 940
HJ	AgJ	0,5448	73 627
	PdJ_2	0,7097	85 109
HNO_3	$C_{20}H_{16}N_4 \cdot HNO_3$	0,1680	22 522
	NH_4Cl	1,178	07 113
	$(NH_4)_2PtCl_6$ empirico	0,2828	45 141
	NO	2,100	32 221
	N_2O_5	1,167	06 699
	Pt empirico	0,6423	80 775
H_2O	CaO	0,3212	50 684
	MgO	0,4468	65 013
H_3PO_3	Hg_2Cl_2	0,06994	84 472
	$Mg_2P_2O_7$	0,5931	77 316
H_4PO_3	Hg_2Cl_2	0,1738	23 997
	$Mg_2P_2O_7$	0,7369	86 738
H_3PO_4	$Mg_2P_2O_7$	0,8805	94 475
	P_2O_5	1,380	14 002
H_2S	$BaSO_4$	0,1460	16 436
H_2SO_3	$BaSO_4$	0,3516	54 610
H_2SO_4	$BaSO_4$	0,4202	62 344
	HNO_3	0,7782	89 110
H_2SiF_6	CaF_2	0,6151	78 894
	$CaSO_4$	0,3523	54 749
	K_2SiF_6	0,6542	81 568
H_2SiO_3	SiO_2	1,300	11 395
Hg	Hg_2Cl_2	0,3498	92 932
	$HgPy_2Cr_2O_7$ [1])	0,3491	54 291
	HgS	0,8622	93 561
$HgCl_2$	HgS	1,167	06 706
J	Ag	1,176	07 059
	AgCl	0,8855	94 717
	AgJ	0,5405	73 283
	PdJ_2	0,7041	84 765
	TlJ	0,3831	58 330
JO_3	AgJ	0,7450	87 214

Spiegazioni della Tavola 5, vedi pag. 120.

[1]) Piridina.

Cercato	Trovato	Fattore	log
K	KCl	0,5244	71 966
	$KClO_4$	0,2822	45 052
	K_2O	0,8301	91 915
	K_2PtCl_6 empirica	0,1603	20 486
	K_2SO_4	0,4487	65 199
	Pt empirico	0,3993	60 133
	Pt empirico [1]	0,3992	60 119
KCN	HCN	2,409	38 189
KCl	$KClO_4$	0,5381	73 086
	K_2PtCl_6 empirico	0,3056	48 515
	Pt empirico	0,7614	88 162
	Pt empirico [1]	0,7612	88 148
$KHCO_3$	CO_2	2,275	35 698
$KHC_4H_4O_6$	$CaC_4H_4O_6 \cdot 4\ H_2O$	0,7231	85 922
$KMnO_4$	Mn	2,877	45 898
	O_2	3,951	59 668
KNO_3	N_2O_5	1,872	27 231
K_2O	KCl	0,6317	80 051
	$KClO_4$	0,3399	53 137
	K_2PtCl_6 empirica	0,1931	28 570
	K_2SO_4	0,5406	73 284
	Pt empirico	0,4810	68 217
	Pt empirico [1]	0,4809	68 203
$K_2O \cdot Al_2O_3 \cdot 6\ SiO_2$	Al_2O_3	5,459	73 712
	KCl	3,732	57 196
	K_2O	5,908	77 145
	K_2SO_4	3,194	50 429
K_2SO_4	$BaSO_4$	0,7465	87 303

[1]) In presenza di solfati, secondo il metodo di Finkener.

Spiegazioni della Tavola 5, vedi pag. 120.

Cercato	Trovato	Fattore	log
La	La_2O_3	0,8527	93 079
Li	LiCl	0,1637	21 402
	Li_3PO_4	0,1797	25 462
	Li_2SO_4	0,1263	10 123
Li_2O	LiCl	0,3524	54 701
	Li_3PO_4	0,3869	58 761
	Li_2SO_4	0,2718	43 422
Mg	MgO	0,6032	78 044
	$Mg(Ox)_2$ (Ossina)	0,07785	89 125
	$Mg(Ox)_2 \cdot 2H_2O$	0,06979	84 376
	$Mg_2P_2O_7$	0,2184	33 931
	$MgSO_4$	0,2020	30 541
	$NH_4MgPO_4 \cdot 6H_2O$	0,09907	99 596
$MgCO_3$	MgO	2,091	32 041
	$Mg_2P_2O_7$	0,7573	87 928
	$NH_4MgPO_4 \cdot 6H_2O$	0,3435	53 593
$MgCl_2$	Cl	1,343	12 804
	MgO	2,362	37 325
	$Mg_2P_2O_7$	0,8553	93 212
MgO	CO_2	0,9164	96 207
	H_2O	2,238	34 987
	Mg	1,658	21 956
	$Mg_2P_2O_7$	0,3621	55 887
	$MgSO_4$	0,3349	52 497
	$NH_4MgPO_4 \cdot 6H_2O$	0,1643	21 552
	N_2O_5	0,3733	57 203
	P_2O_5	0,8516	93 022
	SO_3	0,5036	70 210
$Mg(OH)_2$	MgO	1,447	16 045
$MgSO_4$	MgO	2,986	47 503
	$Mg_2P_2O_7$	1,081	03 390
	$NH_4MgPO_4 \cdot 6H_2O$	0,4904	69 055
$MgSiO_4$	MgO	2,886	46 036

Spiegazioni della Tavola 5, vedi pag. 120.

Cercato	Trovato	Fattore	log
Mn	Mn_3O_4	0,7203	85 749
	$Mn_2P_2O_7$	0,3870	58 767
	MnS	0,6315	80 034
	$MnSO_4$	0,3638	56 086
$MnCO_3$	Mn_3O_4	1,507	17 811
MnO	Mn	1,291	11 102
	Mn_3O_4	0,9301	96 851
	MnS	0,8154	91 136
MnO_2	Mn	1,583	19 936
Mo	MoO_3	0,6667	82 391
	MoS_2	0,5996	77 788
MoO_4	MoO_3	1,111	04 576
N	NH_4Cl	0,2619	41 806
	$(NH_4)_2PtCl_6$ empirico	0,06286	79 834
	Pt empirico	0,1428	15 468
NH_3	NH_4	0,9441	97 503
	NH_4Cl	0,3184	50 292
	$(NH_4)_2PtCl_6$ empirico	0,07642	88 320
	Pt empirico	0,1736	23 954
NH_4	NH_3	1,059	02 497
	NH_4Cl	0,3372	52 789
	$(NH_4)_2PtCl_6$ empirico	0,08094	90 817
	Pt empirico	0,1839	26 451
NH_4Cl	$(NH_4)_2PtCl_6$ empirico	0,2400	38 028
	Pt empirico	0,5453	73 662
NO_2	N_2O_3	1,210	08 295
N_2O_3	NO_2	0,8261	91 705

Spiegazioni della Tavola 5, vedi pag. 120.

Cercato	Trovato	Fattore	log
NO_3	$C_{20}H_{16}N_4 \cdot HNO_3$	0,1653	21 822
	NH_4Cl	1,159	06 413
	$(NH_4)_2PtCl_6$ empirico	0,2782	44 441
	NO	2,066	31 521
	N_2O_5	1,148	05 999
	Pt empirico	0,6820	80 075
N_2O_5	$C_{20}H_{16}N_4 \cdot HNO_3$	0,1440	15 823
	KNO_3	0,5342	72 769
	NH_4Cl	1,010	00 414
	$(NH_4)_2PtCl_6$ empirico	0,2423	38 442
	NO	1,800	25 522
	NO_3	0,8710	94 001
	Pt empirico	0,5505	74 076
Na	Cl	0,6486	81 197
	NaCl	0,3934	59 486
	$NaMg(UO_2)_3 \cdot (C_2H_3O_2)_9 \cdot 6{,}5$ aq	0,01527	18 385
	Na_2O	0,7419	87 035
	Na_2SO_4	0,3238	51 026
	$NaZn(UO_2)_3 \cdot (C_2H_3O_2)_9 \cdot 6H_2O$	0,01495	17 468
NaBr	AgBr	0,5480	73 878
Na_2CO_3	CO_2	2,409	38 182
	$NaHCO_3$	0,6309	79 994
	NaOH	1,325	12 214
	Na_2SO_4	0,7454	87 233
NaCl	AgCl	0,4078	61 045
	Cl	1,649	21 711
	$NaMg(UO_2)_3 \cdot (C_2H_3O_2)_9 \cdot 6{,}5$ aq	0,03881	58 899
	Na_2SO_4	0,8230	91 540
	$NaZn(UO_2)_3 \cdot (C_2H_3O_2)_9 \cdot 6H_2O$	0,03800	57 982
$NaHCO_3$	CO_2	1,909	28 086
	Na_2CO_3	1,585	20 007

Spiegazioni della Tavola 5, vedi pag. 120.

Cercato	Trovato	Fattore	log
NaJ	AgJ	0,6385	80 516
$NaNO_3$	N_2O_5	1,574	19 698
Na_2O	N_2O_5	0,5739	75 886
	NaCl	0,5303	72 451
	$NaMg(UO_2)_3 \cdot (C_2H_3O_2)_9 \cdot 6{,}5$ aq	0,02058	31 350
	Na_2SO_4	0,4364	63 991
	$NaZn(UO_2)_3 \cdot (C_2H_3O_2)_9 \cdot 6\,H_2O$	0,02015	30 433
	SO_3	0,7743	88 893
	SiO_2	1,032	01 376
Na_3PO_4	PO_4	1,726	23 705
	P_2O_5	2,309	36 349
$Na_3PO_4 \cdot 12H_2O$	P_2O_5	5,353	72 863
$Na_2SO_3 \cdot 7H_2O$	$BaSO_4$	1,080	03 354
Na_2SO_4	$BaSO_4$	0,6086	78 430
	SO_3	1,774	24 902
Ni	$Ni(C_2H_5N_4O)_2$ (Dic.)	0,2250	35 220
	$NiC_8H_{14}N_4O_4$ (Gli.)	0,2032	30 792
	NiO	0,7858	89 530
	$Ni(Ox)_2 \cdot 2$ aq (Ossina)	0,1533	18 559
	$Ni_2P_2O_7$	0,4028	60 507
	$NiPy_4(CNS)_2$ [1]	0,1195	07 748
	$NiSO_4$	0,3793	57 893
	O	3,668	56 444
NiO	Ni	1,273	10 470
$NiSO_4 \cdot 7\,H_2O$	NiO	3,760	57 523
O	Cl	0,2256	35 339
	H_2O	0,8881	94 847
O_3	$KMnO_4$	0,2531	40 332
OCH_3	AgJ	0,1321	12 094
OC_2H_5	AgJ	0,1918	28 290

Spiegazioni della Tavola 5, vedi pag. 120.

[1]) Piridina.

Cercato	Trovato	Fattore	log
P	$Mg_2P_2O_7$	0,2786	44 499
	$(NH_4)_3PO_4 \cdot 12MoO_3$	0,01639[1])	21 464
	$P_2O_5 \cdot 24MoO_3$	0,01724	23 661
PO_2	Hg_2Cl_2	0,06674	82 439
	$Mg_2P_2O_7$	0,5660	75 283
PO_3	Hg_2Cl_2	0,1674	22 368
	$Mg_2P_2O_7$	0,7097	85 109
P_2O_5	CaO	0,8443	92 648
	MgO	1,174	06 977
	$Mg_2P_2O_7$	0,6379	80 473
	$(NH_4)_3PO_4 \cdot 12MoO_3$	0,03753[1])	57 438
	Na_3PO_4	0,4330	63 651
	PO_4	0,7474	87 356
	$P_2O_5 \cdot 24MoO_3$	0,03948	59 635
PO_4	$Mg_2P_2O_7$	0,8534	93 117
	$(NH_4)_3PO_4 \cdot 12MoO_3$	0,05021[1])	70 082
	Na_3PO_4	0,5794	76 295
	P_2O_5	1,338	12 644
	$P_2O_5 \cdot 24MoO_3$	0,05282	72 279
Pb	$PbCl_2$	0,7450	87 218
	$PbCrO_4$	0,6411	80 692
	PbO	0,9283	96 770
	PbO_2	0,8662	93 763
	PbS	0,8660	93 753
	$PbSO_4$	0,6833	83 459
$PbCrO_4$	Cr_2O_3	4,252	62 864
	PbO	1,448	16 078
PbO	$PbCl_2$	0,8026	90 448
	$PbCrO_4$	0,6906	83 922
	PbO_2	0,9331	96 993
	PbS	0,9329	96 983
	$PbSO_4$	0,7360	86 689

Spiegazioni della Tavola 5, vedi pag. 120.

[1]) Empirico.

Cercato	Trovato	Fattore	log
PbS	$PbSO_4$	0,7890	89 706
$PbSO_4$	PbO	1,359	13 311
	$BaSO_4$	1,299	11 370
Pd	$Pd(CN)_2$	0,6723	82 758
Pr	Pr_6O_{11} empirico	0,8277	91 787
	Pr_2O_3	0,8545	93 170
	$Pr_2(SO_4)_3$	0,4944	69 411
Pt	$(NH_4)_2PtCl_6$ empirico	0,4402	64 366
	PtS_2	0,7528	87 666
Rb	Rb_2SO_4	0,6401	80 628
S	$BaSO_4$	0,1373	13 782
	CuO	0,4029	60 521
S_2O_3	$BaSO_4$	0,2402	38 051
SO_2	$BaSO_4$	0,2744	43 845
SO_3	$BaSO_4$	0,3430	53 528
	CaO	1,428	15 461
	MgO	1,986	29 790
	NH_3	2,350	37 114
	SO_4	0,8335	92 088
SO_4	$BaSO_4$	0,4115	61 440
	SO_3	1,200	07 912
Sb	As	1,625	21 096
	$SbC_6H_5O_4$ [1]	0,4633	66 587
	Sb_2O_4	0,7919	89 866
	Sb_2S_3	0,7169	85 543
	Sb_2S_5	0,6030	78 034
	Sb_2O_4 empirico	0,7922	89 884
	Sb_2S_3 empirico	0,7173	85 568

Spiegazioni della Tavola 5, vedi pag. 120.

[1]) Pirogallolo.

Cercato	Trovato	Fattore	log
Sb_2O_3	Sb	1,197	07 814
	Sb_2O_4	0,9480	97 680
	Sb_2S_3	0,8582	93 357
	Sb_2S_5	0,7219	85 848
	Sb_2O_4 empirico	0,9484	97 698
	Sb_2S_3 empirico	0,8587	93 382
Sb_2O_5	Sb	1,329	12 337
Sb_2S_3	Sb	1,395	14 457
	Sb_2O_4	1,105	04 323
	Sb_2O_4 empirico	1,105	04 341
Sb_2S_5	Sb	1,658	21 966
SeO_2	Se	1,405	14 775
SeO_3	Se	1,608	20 625
Si	SiO_2	0,4672	66 950
SiF_4	CaF_2	0,6665	78 281
	$CaSO_4$	0,3478	54 136
	K_2SiF_6	0,6450	80 955
SiO_3	SiO_2	1,266	10 257
Si_2O_7	SiO_2	1,400	14 600
SiO_4	SiO_2	1,533	18 548
Sn	SnO_2	0,8777	89 634
SnO_2	Sn	1,270	10 366
Sr	$SrCO_3$	0,5936	77 348
	$SrC_2O_4 \cdot H_2O$	0,4525	65 563
	SrO	0,8456	92 716
	$SrSO_4$	0,4770	67 856

Spiegazioni della Tavola 5, vedi pag. 120.

Cercato	Trovato	Fattore	log
$SrCO_3$	$Sr(NO_3)_2$	0,6975	84 355
	$Sr(OH)_2 \cdot 8H_2O$	0,5555	74 466
	SrS	1,233	09 111
	SrS_4O_6	0,7391	86 868
$Sr(OH)_2 \cdot 8H_2O$	$Sr(NO_3)_2$	1,256	09 889
	$Sr(SH)_2$	1,728	23 764
	SrS_2O_3	1,331	12 402
$SrSO_4$	$BaSO_4$	0,7870	89 595
TeO_2	Te	1,251	09 718
TeO_3	Te	1,376	13 867
Th	$Th(NO_3)_4 \cdot 4H_2O$	0,4203	62 361
	ThO_2	0,8788	94 391
	$Th(Ox)_4$ (Ossina) ·	0,2872	45 814
Ti	TiO_2	0,5995	77 779
	$TiO(Ox)_2$ (Ossina)	0,1361	13 379
	$Ti_3(PO_4)_4$	0,2744	43 831
Tl	TlJ	0,6169	79 023
U	$Na_2U_2O_7$	0,7509	87 559
	UO_2	0,8815	94 524
	U_3O_8	0,8480	92 842
	$UO_2(Ox)_2 \cdot (OxH)$ [1]	0,3386	52 969
	$(UO_2)_2P_2O_7$	0,6668	82 397
V	$AgVO_3$	0,2463	39 153
	Ag_3VO_4	0,1162	06 508
	$Pb_2V_2O_7$	0,1622	20 997
	V_2O_5	0,5602	74 834

Spiegazioni della Tavola 5, vedi pag. 120.

[1]) Ossina.

Cercato	Trovato	Fattore	log
W	WO_3	0,7931	89 933
Y	Y_2O_3	0,7875	89 623
Zn	$ZnNH_4PO_4$	0,3664	56 395
	ZnO	0,8034	90 492
	$Zn)Ox)_2$ [1])	0,1849	26 705
	$Zn_2P_2O_7$	0,4290	63 245
	$ZnPy_2(CNS)_2$ [2]	0,1925	28 447
	ZnS	0,6710	82 670
	$ZnSO_4$	0,4050	60 743
$ZnCO_3$	ZnO	1,541	18 771
$ZnCl_2$	AgCl	0,4754	67 707
	Cl	1,922	28 373
	Zn	2,085	31 902
	$ZnNH_4PO_4$	0,7638	88 297
	ZnO	1,675	22 394
ZnO	Zn	1,245	09 508
	$Zn_2P_2O_7$	0,5340	72 753
	ZnS	0,8352	92 178
	$ZnSO_4$	0,5041	70 251
ZnS	ZnO	1,197	07 822
	$Zn_2P_2O_7$	0,6394	80 575
	$BaSO_4$	0,4174	62 060
$ZnSO_4$	ZnO	1,984	29 749
$ZnSO_4 \cdot 7H_2O$	ZnO	3,533	54 819
	ZnS	2,951	46 997
Zr	ZrO_2	0,7403	86 941

Spiegazioni della Tav. 5, vedi pag. 120.

[1]) Ossina.
[2]) Piridina.

TAVOLA 6

Calcolo di analisi “indirette„

Composizione della mescolanza g: x	y	Prodotti di trasformazione pesati g′	Percentuale della mescolanza al composto y = a + b (g′ : g): a	b	log b
KCl	NaCl	AgCl	— 362,91	+ 188,78	27 595
		K_2SO_4; Na_2SO_4	— 2517,6	+ 2154,3	33 331
KCl	KBr	KCl	+ 267,71	— 267,71	42 766
		K_2SO_4	+ 267,71	— 229,07	35 998
		AgCl; AgBr	+ 557,94	— 290,23	46 274
		AgCl	+ 267,71	— 139,25	14 381
KCl	KJ	KCl	+ 181,51	— 181,51	25 891
		K_2SO_4	+ 181,51	— 155,32	19 123
		AgCl; AgJ	+ 378,31	— 196,79	29 400
		AgCl	+ 181,51	— 94,42	97 506
KBr	KJ	KCl	+ 358,17	— 563,75	75 109
		K_2SO_4	+ 358,17	— 482,40	68 341
		AgBr; AgJ	+ 964,51	— 611,28	78 624
		AgCl	+ 358,17	— 293,25	46 724
K_2SO_4	Na_2SO_4	$BaSO_4$	— 440,88	+ 329,16	51 740
$CaCO_3$	$SrCO_3$	CO_2	+ 310,41	— 705,97	84 878
		$CaSO_4$; $SrSO_4$	+ 1172,1	— 861,58	93 530
AgCl	AgBr	AgCl	+ 422,39	— 422,39	62 571
		Ag	+ 422,39	— 561,21	74 913
AgCl	AgJ	AgCl	+ 256,70	— 256,70	40 942
		Ag	+ 256,70	— 341,07	53 284
AgBr	AgJ	AgCl	+ 499,46	— 654,38	81 583
		Ag	+ 499,46	— 869,46	93 925

Determinazioni di alogeni nei composti o mescolanze con differenti alogeni

1) Cloro e Bromo

Allorchè g grammi di sostanza forniscono h grammi di miscela di alogenuri di argento e questi vengono trasformati per trattamento con cloro in c grammi di cloruro d'argento, la sostanza contiene in

$$\text{Bromo}^{1} = \frac{Br}{Br - Cl} \cdot (h - c) = 1{,}7975 \cdot (h - c) \text{ grammi}$$

$$\text{Argento} = \frac{Ag}{AgCl} \cdot c = 0{,}75263 \cdot c \text{ grammi}$$

[1] Br significa il peso atomico del Bromo, (Br — Cl) la differenza dei due pesi atomici ecc.

Spiegazioni della Tavola 6, vedi pag. 125.

Calcolo di analisi "indirette"

$$\text{Cloro} = h - \frac{Ag}{AgCl} \cdot c - \frac{Br}{Br - Cl} \cdot (h - c)$$
$$= h - 0{,}75263 \cdot c - 1{,}7975 \cdot (h - c)$$
$$= 1{,}0449 \cdot c - 0{,}7975\ h \text{ grammi}$$

$$\text{Percento Bromo} = 179{,}75 \cdot \frac{h - c}{g} \qquad \lg 179{,}75 = 25467$$

$$\text{Percento Cloro} = \frac{100}{g} (1{,}0449\ c - 0{,}7975\ h)$$

$\lg 1{,}0449 = 01907$ $\qquad$ $\lg = 0{,}7975 = 90173$

2) Cloro e Iodio

Si ottiene analogamente

$$\text{Percento Iodio} = 138{,}76 \frac{h - c}{g} \qquad \lg 138{,}76 = 14228$$

$$\text{Percento Cloro} = \frac{100}{g} (0{,}6350\ c - 0{,}3876\ h)$$

$\lg 0{,}6350 = 80277$ $\qquad$ $\lg 0{,}3876 = 58838$

3) Due alogeni nei corpi organici

Se M è il peso molecolare di una sostanza organica che contiene β atomi di Cloro e che assorbe alla bromurazione α atomi di Bromo (per addizione o sostituzione) si ottiene la cifra cercata se S grammi di sostanza danno H grammi di alogenuro di argento[1]

$$\alpha = \frac{M \cdot H - 143{,}5\ \beta \cdot S}{188\ S - 80\ H}.$$

Analog. per

Cloruro iodurato $\quad \alpha = \dfrac{M \cdot H - 143{,}5\ \beta \cdot S}{235\ S - 127\ H}$

Bromuro clorurato $\quad \alpha = \dfrac{M \cdot H - 188\ \beta \cdot S}{143{,}5\ S - 35{,}5\ H}$

Bromuro iodurato $\quad \alpha = \dfrac{M \cdot H - 188\ \beta \cdot S}{235\ S - 127\ H}$

Ioduro clorurato $\quad \alpha = \dfrac{M \cdot H - 235\ \beta \cdot S}{143{,}5\ S - 35{,}5\ H}$

Ioduro bromurato $\quad \alpha = \dfrac{M \cdot H - 235\ \beta \cdot S}{188\ S - 80\ H}.$

[1] Secondo la comunicazione del dott. A. Klages.

Spiegazioni della Tavola 6, vedi pag. 125.

1 ccm. di Azoto a 0° e 760 mm. di pressione pesa 1.2505 mg.

Tavola ausiliare a pag. 60.

pw	t°	p=670	671	672	673	674
7,5	7	03 133	03 198	03 263	03 328	03 392
8,0	8	02 978	03 043	03 108	03 173	03 237
8,6	9	02 823	02 888	02 953	03 018	03 082
9,2	10	02 669	02 734	02 799	02 864	02 928
9,8	11	02 516	02 581	02 646	02 711	02 775
10,5	12	02 363	02 428	02 493	02 558	02 622
11,2	13	02 211	02 276	02 341	02 406	02 470
12,0	14	02 059	02 124	02 189	02 254	02 318
12,8	15	01 907	01 972	02 037	02 102	02 166
13,6	16	01 756	01 821	01 886	01 951	02 015
14,5	17	01 606	01 671	01 736	01 801	01 865
15,5	18	01 456	01 521	01 586	01 651	01 715
16,5	19	01 307	01 372	01 437	01 502	01 566
17,5	20	01 158	01 223	01 288	01 353	01 417
18,7	21	01 010	01 075	01 140	01 205	01 269
19,8	22	00 862	00 927	00 992	01 057	01 121
21,1	23	00 715	00 780	00 845	00 910	00 974
22,4	24	00 569	00 634	00 699	00 764	00 828

pw	t°	p=680	681	682	683	684
7,5	7	03 777	03 841	03 904	03 968	04 032
8,0	8	03 622	03 686	03 749	03 813	03 877
8,6	9	03 467	03 531	03 594	03 658	03 722
9,2	10	03 313	03 377	03 440	03 504	03 568
9,8	11	03 160	03 224	03 287	03 351	03 415
10,5	12	03 007	03 071	03 134	03 198	03 262
11,2	13	02 855	02 919	02 982	03 046	03 110
12,0	14	02 703	02 767	02 830	02 894	02 958
12,8	15	02 551	02 615	02 678	02 742	02 806
13,6	16	02 400	02 464	02 527	02 591	02 655
14,5	17	02 250	02 314	02 377	02 441	02 505
15,5	18	02 100	02 164	02 227	02 291	02 355
16,5	19	01 951	02 015	02 078	02 142	02 206
17,5	20	01 802	01 866	01 929	01 993	02 057
18,7	21	01 654	01 718	01 781	01 845	01 909
19,8	22	01 506	01 570	01 633	01 697	01 761
21,1	23	01 359	01 423	01 486	01 550	01 614
22,4	24	01 213	01 277	01 340	01 404	01 468

	65
1	6,5
2	13,0
3	19,5
4	26,0
5	32,5
6	39,0
7	45,5
8	52,0
9	58,5

	154
1	15,4
2	30,8
3	46,2
4	61,6
5	77,0
6	92,4
7	107,8
8	123,2
9	138,6

	151
1	15,1
2	30,2
3	45,3
4	60,4
5	75,5
6	90,6
7	105,7
8	120,8
9	135,9

	148
1	14,8
2	29,6
3	44,4
4	59,2
5	74,0
6	88,8
7	103,6
8	118,4
9	133,2

Spiegazioni della Tav. 7, vedi pag. 129 e 133.

La Tav. 7 dà il log. del peso di 1 ccm. di azoto a t° e p. mm.

pw	t°	p = 675	676	677	678	679
7,5	7	03 456	03 521	03 585	03 649	03 713
8,0	8	03 301	03 366	03 430	03 494	03 558
8,6	9	03 146	03 211	03 275	03 339	03 403
9,2	10	02 992	03 057	03 121	03 185	03 249
9,8	11	02 839	02 904	02 968	03 032	03 096
10,5	12	02 686	02 751	02 815	02 879	02 943
11,2	13	02 534	02 599	02 663	02 727	02 791
12,0	14	02 382	02 447	02 511	02 575	02 639
12,8	15	02 230	02 295	02 359	02 423	02 487
13,6	16	02 079	02 144	02 208	02 272	02 336
14,5	17	01 929	01 994	02 058	02 122	02 186
15,5	18	01 779	01 844	01 908	01 972	02 036
16,5	19	01 630	01 695	01 759	01 823	01 887
17,5	20	01 481	01 546	01 610	01 674	01 738
18,7	21	01 333	01 398	01 462	01 526	01 590
19,8	22	01 185	01 250	01 314	01 378	01 442
21,1	23	01 038	01 103	01 167	01 231	01 295
22,4	24	00 892	00 957	01 021	01 085	01 149
pw	t°	p = 685	686	687	688	689
7,5	7	04 095	04 158	04 222	04 285	04 348
8,0	8	03 940	04 003	04 067	04 130	04 193
8,6	9	03 785	03 848	03 912	03 975	04 038
9,2	10	03 631	03 694	03 758	03 821	03 884
9,8	11	03 478	03 541	03 605	03 668	03 731
10,5	12	03 325	03 388	03 452	03 515	03 578
11,2	13	03 173	03 236	03 300	03 363	03 426
12,0	14	03 021	03 084	03 148	03 211	03 274
12,8	15	02 869	02 932	02 996	03 059	03 122
13,6	16	02 718	02 781	02 845	02 908	02 971
14,5	17	02 568	02 631	02 695	02 758	02 821
15,5	18	02 418	02 481	02 545	02 608	02 671
16,5	19	02 269	02 332	02 396	02 459	02 522
17,5	20	02 120	02 183	02 247	02 310	02 373
18,7	21	01 972	02 035	02 099	02 162	02 225
19,8	22	01 824	01 887	01 951	02 014	02 077
21,1	23	01 677	01 740	01 804	01 867	01 930
22,4	24	01 531	01 594	01 658	01 721	01 784

	64
1	6,4
2	12,8
3	19,2
4	25,6
5	32,0
6	38,4
7	44,8
8	51,7
9	57,6

	152
1	15,2
2	30,4
3	45,6
4	60,8
5	76,0
6	91,2
7	106,4
8	121,6
9	136,8

	149
1	14,9
2	29,8
3	44,7
4	59,6
5	74,5
6	89,4
7	104,3
8	119,2
9	134,1

	146
1	14,6
2	29,2
3	43,8
4	58,4
5	73,0
6	87,6
7	102,2
8	116,8
9	131,4

Tavola ausiliare a pag. 60.

N_2

Spiegazioni della Tavola 7, vedi pag. 129 e 133.

1 ccm. di azoto a 0° e 760 mm. di pressione pesa 1.2505 mg.

Tavola ausiliare a pag. 60.

pw	t°	p=690	691	692	693	694
7,5	7	04 410	04 473	04 536	04 599	04 661
8,0	8	04 255	04 318	04 381	04 444	04 506
8,6	9	04 100	04 163	04 226	04 289	04 351
9,2	10	03 946	04 009	04 072	04 135	04 197
9,8	11	03 793	03 856	03 919	03 982	04 044
10,5	12	03 640	03 703	03 766	03 829	03 891
11,2	13	03 488	03 551	03 614	03 677	03 739
12,0	14	03 336	03 399	03 462	03 525	03 587
12,8	15	03 184	03 247	03 310	03 373	03 435
13,6	16	03 033	03 096	03 159	03 222	03 284
14,5	17	02 883	02 946	03 009	03 072	03 134
15,5	18	02 733	02 796	02 859	02 922	02 984
16,5	19	02 584	02 647	02 710	02 773	02 835
17,5	20	02 435	02 498	02 561	02 624	02 686
18,7	21	02 287	02 350	02 413	02 476	02 538
19,8	22	02 139	02 202	02 265	02 328	02 390
21,1	23	01 992	02 055	02 118	02 181	02 243
22,4	24	01 846	01 909	01 972	02 035	02 097

pw	t°	p=700	701	702	703	704
7,5	7	05 035	05 097	05 159	05 221	05 283
8,0	8	04 880	04 942	05 004	05 066	05 128
8,6	9	04 725	04 787	04 849	04 911	04 973
9,2	10	04 571	04 633	04 695	04 757	04 819
9,8	11	04 418	04 480	04 542	04 604	04 666
10,5	12	04 265	04 327	04 389	04 451	04 513
11,2	13	04 113	04 175	04 237	04 299	04 361
12,0	14	03 961	04 023	04 085	04 147	04 209
12,8	15	03 809	03 871	03 933	03 995	04 057
13,9	16	03 658	03 720	03 782	03 844	03 906
14,5	17	03 508	03 570	03 632	03 694	03 756
15,5	18	03 358	03 420	03 482	03 544	03 606
16,5	19	03 209	03 271	03 333	03 395	03 457
17,5	20	03 060	03 122	03 184	03 246	03 308
18,7	21	02 912	02 974	03 036	03 098	03 160
19,8	22	02 764	02 826	02 888	02 950	03 012
21,1	23	02 617	02 679	02 741	02 803	02 865
22,4	24	02 471	02 533	02 595	02 657	02 719

	63	154	151	148
1	6,3	15,4	15,1	14,8
2	12,6	30,8	30,2	29,6
3	18,9	46,2	45,3	44,4
4	25,2	61,6	60,4	59,2
5	31,5	77,0	75,5	74,0
6	37,8	92,4	90,6	88,8
7	44,1	107,8	105,7	103,6
8	50,4	123,2	120,8	118,4
9	56,7	138,6	135,9	133,2

Spiegazioni della Tavola 7, vedi pag. 129 e 133.

La Tav. 7 dà il log. del peso di 1 ccm. di azoto a t° e p. mm.

pw	t°	p=695	696	697	698	699
7,5	7	04 724	04 786	04 849	04 911	04 973
8,0	8	04 569	04 631	04 694	04 756	04 818
8,6	9	04 414	04 476	04 539	04 601	04 663
9,2	10	04 260	04 322	04 385	04 447	04 509
9,8	11	04 107	04 169	04 232	04 294	04 356
10,5	12	03 954	04 016	04 079	04 141	04 203
11,2	13	03 802	03 864	03 927	03 989	04 051
12,0	14	03 650	03 712	03 775	03 837	03 899
12,8	15	03 498	03 560	03 623	03 685	03 747
13,6	16	03 347	03 409	03 472	03 534	03 596
14,5	17	03 197	03 259	03 322	03 384	03 446
15,5	18	03 047	03 109	03 172	03 234	03 296
16,5	19	02 898	02 960	03 023	03 085	03 147
17,5	20	02 749	02 811	02 874	02 936	02 998
18,7	21	02 601	02 663	02 726	02 788	02 850
19,8	22	02 453	02 515	02 578	02 640	02 702
21,1	23	02 306	02 368	02 431	02 493	02 555
22,4	24	02 160	02 222	02 285	02 347	02 409

pw	t°	p=705	706	707	708	709
7,5	7	05 344	05 406	05 467	05 529	05 590
8,0	8	05 189	05 251	05 312	05 374	05 435
8,6	9	05 034	05 096	05 157	05 219	05 280
9,2	10	04 880	04 942	05 003	05 065	05 126
9,8	11	04 727	04 789	04 850	04 912	04 973
10,5	12	04 574	04 636	04 697	04 759	04 820
11,2	13	04 422	04 484	04 545	04 607	04 668
12,0	14	04 270	04 332	04 393	04 455	04 516
12,8	15	04 118	04 180	04 241	04 303	04 364
13,6	16	03 967	04 029	04 090	04 152	04 213
14,5	17	03 817	03 879	03 940	04 002	04 063
15,5	18	03 667	03 729	03 790	03 852	03 913
16,5	19	03 518	03 580	03 641	03 703	03 764
17,5	20	03 369	03 431	03 492	03 554	03 615
18,7	21	03 221	03 283	03 344	03 406	03 467
19,8	22	03 073	03 135	03 196	03 258	03 319
21,1	23	02 926	02 988	03 049	03 111	03 172
22,4	24	02 780	02 842	02 903	02 965	03 026

	62		154		151		148
1	6,2	1	15,4	1	15,1	1	14,8
2	12,4	2	30,8	2	30,2	2	29,6
3	18,6	3	46,2	3	45,3	3	44,4
4	24,8	4	61,6	4	60,4	4	59,2
5	31,0	5	77,0	5	75,5	5	74,0
6	37,2	6	92,4	6	90,6	6	88,8
7	43,4	7	107,8	7	105,7	7	103,6
8	49,6	8	123,2	8	120,8	8	118,4
9	55,8	9	138,6	9	135,9	9	133,2

Tavola ausiliare a pag. 60.

Spiegazioni della Tavola 7, vedi pag. 129 e 133.

1 ccm. di azoto a 0° e 760 mm. di pressione pesa 1.2505 mg.

Tavola ausiliare a pag. 60.

pw	t°	p=710	711	712	713	714
7,5	7	05 652	05 713	05 774	05 835	05 896
8,0	8	05 497	05 558	05 619	05 680	05 741
8,6	9	05 343	05 404	05 465	05 526	05 587
9,2	10	05 189	05 250	05 311	05 372	05 433
9,8	11	05 035	05 096	05 157	05 218	05 279
10,5	12	04 882	04 943	05 004	05 065	05 126
11,2	13	04 730	04 791	04 852	04 913	04 974
12,0	14	04 578	04 639	04 700	04 761	04 822
12,8	15	04 427	04 488	04 549	04 610	04 671
13,6	16	04 276	04 337	04 398	04 459	04 520
14,5	17	04 126	04 187	04 248	04 309	04 370
15,5	18	03 976	04 037	04 098	04 159	04 220
16,5	19	03 827	03 888	03 949	04 010	04 071
17,5	20	03 678	03 739	03 800	03 861	03 922
18,7	21	03 530	03 591	03 652	03 713	03 774
19,8	22	03 382	03 443	03 504	03 565	03 626
21,1	23	03 235	03 296	03 357	03 418	03 479
22,4	24	03 088	03 149	03 210	03 271	03 332

pw	t°	p=720	721	722	723	724
7,5	7	06 259	06 320	06 380	06 440	06 500
8,0	8	06 104	06 165	06 225	06 285	06 345
8,6	9	05 950	06 011	06 071	06 131	06 191
9,2	10	05 796	05 857	05 917	05 977	06 037
9,8	11	05 642	05 703	05 763	05 823	05 883
10,5	12	05 489	05 550	05 610	05 670	05 730
11,2	13	05 337	05 398	05 458	05 518	05 578
12,0	14	05 185	05 246	05 306	05 366	05 426
12,8	15	05 034	05 095	05 155	05 215	05 275
13,6	16	04 883	04 944	05 004	05 064	05 124
14,5	17	04 733	04 794	04 854	04 914	04 974
15,5	18	04 583	04 644	04 704	04 764	04 824
16,5	19	04 434	04 495	04 555	04 615	04 675
17,5	20	04 285	04 346	04 406	04 466	04 526
18,7	21	04 137	04 198	04 258	04 318	04 378
19,8	22	03 989	04 050	04 110	04 170	04 230
21,1	23	03 842	03 903	03 963	04 023	04 083
22,4	24	03 695	03 756	03 816	03 876	03 936

	61
1	6,1
2	12,2
3	18,3
4	24,4
5	30,5
6	36,6
7	42,7
8	48,8
9	54,9

	154
1	15,4
2	30,8
3	46,2
4	61,6
5	77,0
6	92,4
7	107,8
8	123,2
9	138,6

	151
1	15,1
2	30,2
3	45,3
4	60,4
5	75,5
6	90,6
7	105,7
8	120,8
9	135,9

	148
1	14,8
2	29,6
3	44,4
4	59,2
5	74,0
6	88,8
7	103,6
8	118,4
9	133,2

Spiegazioni della Tavola 7, vedi pag. 129 e 133.

La Tav. 7 dà il log. del peso di 1 ccm. di azoto a t° e p. mm.

pw	t°	p=715	716	717	718	719
7,5	7	05 957	06 017	06 078	06 138	06 199
8,0	8	05 802	05 862	05 923	05 983	06 044
8,6	9	05 648	05 708	05 769	05 829	05 890
9,2	10	05 494	05 554	05 615	05 675	05 736
9,8	11	05 340	05 400	05 461	05 521	05 582
10,5	12	05 187	05 247	05 308	05 368	05 429
11,2	13	05 035	05 095	05 156	05 216	05 277
12,0	14	04 883	04 943	05 004	05 064	05 125
12,8	15	04 732	04 792	04 853	04 913	04 974
13,6	16	04 581	04 641	04 702	04 762	04 823
14,5	17	04 431	04 491	04 552	04 612	04 673
15,5	18	04 281	04 341	04 402	04 462	04 523
16,5	19	04 132	04 192	04 253	04 313	04 374
17,5	20	03 983	04 043	04 104	04 164	04 225
18,7	21	03 835	03 895	03 956	04 016	04 077
19,8	22	03 687	03 747	03 808	03 868	03 929
21,1	23	03 540	03 600	03 661	03 721	03 782
22,4	24	03 393	03 453	03 514	03 574	03 635

pw	t°	p=725	726	727	728	729
7,5	7	06 560	06 620	06 679	06 739	06 799
8,0	3	06 405	06 465	06 524	06 584	06 644
8,6	9	06 251	06 311	06 370	06 430	06 490
9,2	10	06 097	06 157	06 216	06 276	06 238
9,8	11	05 943	06 003	06 062	06 122	06 182
10,5	12	05 790	05 850	05 909	05 969	06 029
11,2	13	05 638	05 698	05 757	05 817	05 877
12,0	14	05 486	05 546	05 605	05 665	05 725
12,8	15	05 335	05 395	05 454	05 514	05 574
13,6	16	05 184	05 244	05 303	05 363	05 423
14,5	17	05 034	05 094	05 153	05 213	05 273
15,5	18	04 884	04 944	05 003	05 063	05 123
16,5	19	04 735	04 795	04 854	04 914	04 974
17,5	20	04 586	04 646	04 705	04 765	04 825
18,7	21	04 438	04 498	04 557	04 617	04 677
19,8	22	04 290	04 350	04 409	04 469	04 529
21,1	23	04 143	04 203	04 262	04 322	04 382
22,4	24	03 996	04 056	04 115	04 175	04 235

Tavola ausiliare a pag. 60.

	60		154		151		148
1	6,0	1	15,4	1	15,1	1	14,8
2	12,0	2	30,8	2	30,2	2	29,6
3	18,0	3	46,2	3	45,3	3	44,4
4	24,0	4	61,6	4	60,4	4	59,2
5	30,0	5	77,0	5	75,5	5	74,0
6	36,0	6	92,4	6	90,6	6	88,8
7	42,0	6	107,8	7	105,7	7	103,6
8	48,0	3	123,2	8	120,8	8	118,4
9	54,0	9	138,6	9	135,9	9	133,2

Spiegazioni della Tavola 7, vedi pag. 129 e 133.

1 ccm. di azoto a 0° e 760 mm. di pressione pesa 1,2505 mg.

Tavola ausiliare a pag. 60.

pw	t°	p=730	731	732	733	734
7,5	7	06 858	06 918	06 977	07 036	07 096
8,0	8	06 703	06 763	06 822	06 881	06 941
8,6	9	06 549	06 609	06 668	06 727	06 787
9,2	10	06 395	06 455	06 514	06 573	06 633
9,8	11	06 241	06 301	06 360	06 419	06 479
10,5	12	06 088	06 148	06 207	06 266	06 326
11,2	13	05 936	05 996	06 055	06 114	06 174
12,0	14	05 784	05 844	05 903	05 962	06 022
12,8	15	05 633	05 693	05 752	05 811	05 871
13,6	16	05 482	05 542	05 601	05 660	05 720
14,5	17	05 332	05 392	05 451	05 510	05 570
15,5	18	05 182	05 242	05 301	05 360	05 420
16,5	19	05 033	05 093	05 152	05 211	05 271
17,5	20	04 884	04 944	05 003	05 062	05 122
18,7	21	04 736	04 796	04 855	04 914	04 974
19,8	22	04 588	04 648	04 707	04 766	04 826
21,1	23	04 441	04 501	04 560	04 619	04 679
22,4	24	04 294	04 354	04 413	04 472	04 532

pw	t°	p=740	741	742	743	744
7,5	7	07 449	07 508	07 566	07 625	07 683
8,0	8	07 294	07 353	07 411	07 470	07 528
8,6	9	07 140	07 199	07 257	07 316	07 374
9,2	10	06 986	07 045	07 103	07 162	07 220
9,8	11	06 832	06 891	06 949	07 008	07 066
10,5	12	06 679	06 738	06 796	06 855	06 913
11,2	13	06 527	06 586	06 644	06 703	06 761
12,0	14	06 375	06 434	06 492	06 551	06 609
12,8	15	06 224	06 283	06 341	06 400	06 458
13,6	16	06 073	06 132	06 190	06 249	06 307
14,5	17	05 923	05 982	06 040	06 099	06 157
15,5	18	05 773	05 832	05 890	05 949	06 007
16,5	19	05 624	05 683	05 741	05 800	05 858
17,5	20	05 475	05 534	05 592	05 651	05 709
18,7	21	05 327	05 386	05 444	05 503	05 561
19,8	22	05 179	05 238	05 296	05 355	05 413
21,1	23	05 032	05 091	05 149	05 208	05 266
22,4	24	04 885	04 944	05 002	05 061	05 119

	59	154	151	148
1	5,9	15,4	15,1	14,8
2	11,8	30,8	30,2	29,6
3	17,7	46,2	45,3	44,4
4	23,6	61,6	60,4	59,2
5	29,5	77,0	75,5	74,0
6	35,4	92,4	90,6	88,8
7	41,3	107,8	100,7	103,6
8	47,2	123,2	120,8	118,4
9	53,1	138,6	135,9	133,2

Spiegazioni della Tavola 7, vedi pag. 129 e 133.

La Tav. 7 dà il log. del peso di 1 ccm di azoto a t° e p. mm.

pw	t°	p = 735	736	737	738	739
7,5	**7**	**07 155**	**07 214**	**07 273**	**07 332**	**07 390**
8,0	**8**	**07 000**	**07 059**	**07 118**	**07 177**	**07 235**
8,6	**9**	**06 846**	**06 905**	**06 964**	**07 023**	**07 081**
9,2	**10**	**06 692**	**06 751**	**06 810**	**06 869**	**06 927**
9,8	**11**	**06 538**	**06 597**	**06 656**	**06 715**	**06 773**
10,5	**12**	**06 385**	**06 444**	**06 503**	**06 562**	**06 620**
11,2	**13**	**06 233**	**06 292**	**06 351**	**06 410**	**06 468**
12,0	**14**	**06 081**	**06 140**	**06 199**	**06 258**	**06 316**
12,8	**15**	**05 930**	**05 989**	**06 048**	**06 107**	**06 165**
13,6	**16**	**05 779**	**05 838**	**05 897**	**05 956**	**06 014**
14,5	**17**	**05 629**	**05 688**	**05 747**	**05 806**	**05 864**
15,5	**18**	**05 479**	**05 538**	**05 597**	**05 656**	**05 714**
16,5	**19**	**05 330**	**05 389**	**05 448**	**05 507**	**05 565**
17,5	**20**	**05 181**	**05 240**	**05 299**	**05 358**	**05 416**
18,7	**21**	**05 033**	**05 092**	**05 151**	**05 210**	**05 268**
19,8	**22**	**04 885**	**04 944**	**05 003**	**05 062**	**05 120**
21,1	**23**	**04 738**	**04 797**	**04 856**	**04 915**	**04 973**
22,4	**24**	**04 591**	**04 650**	**04 709**	**04 768**	**04 826**

pw	t°	p = 745	746	747	748	749
7,5	**7**	**07 742**	**07 800**	**07 858**	**07 916**	**07 974**
8,0	**8**	**07 587**	**07 645**	**07 703**	**07 761**	**07 819**
8,6	**9**	**07 433**	**07 491**	**07 549**	**07 607**	**07 665**
9,2	**10**	**07 279**	**07 337**	**07 395**	**07 453**	**07 511**
9,8	**11**	**07 125**	**07 183**	**07 241**	**07 299**	**07 357**
10,5	**12**	**06 972**	**07 030**	**07 088**	**07 146**	**07 204**
11,2	**13**	**06 820**	**06 878**	**06 936**	**06 994**	**07 052**
12,0	**14**	**06 668**	**06 726**	**06 784**	**06 842**	**06 900**
12,8	**15**	**06 517**	**06 575**	**06 633**	**06 691**	**06 749**
13,6	**16**	**06 366**	**06 424**	**06 482**	**06 540**	**06 598**
14,5	**17**	**06 216**	**06 274**	**06 332**	**06 390**	**06 448**
15,5	**18**	**06 066**	**06 124**	**06 182**	**06 240**	**06 298**
16,5	**19**	**05 917**	**05 975**	**06 033**	**06 091**	**06 149**
17,5	**20**	**05 768**	**05 826**	**05 884**	**05 942**	**06 000**
18,7	**21**	**05 620**	**05 678**	**05 736**	**05 794**	**05 852**
19,8	**22**	**05 472**	**05 530**	**05 588**	**05 646**	**05 704**
21,1	**23**	**05 325**	**05 383**	**05 441**	**05 499**	**05 557**
22,4	**24**	**05 178**	**05 236**	**05 294**	**05 352**	**05 410**

Tavola ausiliare a pag. 60.

	58	**154**	**151**	**148**
1	**5,8**	**15,4**	**15,1**	**14,8**
2	**11,6**	**30,8**	**30,2**	**29,6**
3	**17,4**	**46,2**	**45,3**	**44,4**
4	**23,2**	**61,6**	**60,4**	**59,2**
5	**29,0**	**77,0**	**75,5**	**74,0**
6	**34,8**	**92,4**	**90,6**	**88,8**
7	**40,6**	**107,8**	**105,7**	**103,6**
8	**46,4**	**123,2**	**120,8**	**118,4**
9	**52,2**	**138,6**	**135,9**	**133,2**

Spiegazioni della Tavola 7, vedi pag. 129 e 133.

1 ccm. di azoto a 0° e 760 mm. di pressione pesa 1,2505 mg.

Tavola ausiliare a pag. 60.

pw	t°	p=750	751	752	753	754
7,5	7	08 032	08 090	08 148	08 205	08 263
8,0	8	07 877	07 935	07 993	08 050	08 108
8,6	9	07 723	07 781	07 839	07 896	07 954
9,2	10	07 569	07 627	07 685	07 742	07 800
9,8	11	07 415	07 473	07 531	07 588	07 646
10,5	12	07 262	07 320	07 378	07 435	07 493
11,2	13	07 110	07 168	07 226	07 283	07 341
12,0	14	06 958	07 016	07 074	07 131	07 189
12,8	15	06 807	06 865	06 923	06 980	07 038
13,6	16	06 656	06 714	06 772	06 829	06 887
14,5	17	06 506	06 564	06 622	06 679	06 737
15,5	18	06 356	06 414	06 472	06 529	06 587
16,5	19	06 207	06 265	06 323	06 380	06 438
17,5	20	06 058	06 116	06 174	06 231	06 289
18,7	21	05 910	05 968	06 026	06 083	06 141
19,8	22	05 762	05 820	05 878	05 935	05 993
21,1	23	05 615	05 673	05 731	05 788	05 846
22,4	24	05 468	05 526	05 584	05 641	05 699

pw	t°	p=760	761	762	763	764
7,5	7	08 607	08 664	08 721	08 778	08 835
8,0	8	08 452	08 509	08 566	08 623	08 680
8,6	9	08 298	08 355	08 412	08 469	08 526
9,2	10	08 144	08 201	08 258	08 315	08 372
9,8	11	07 990	08 047	08 104	08 161	08 218
10,5	12	07 837	07 894	07 951	08 008	08 065
11,2	13	07 685	07 742	07 799	07 856	07 913
12,0	14	07 533	07 590	07 647	07 704	07 761
12,8	15	07 382	07 439	07 496	07 553	07 610
13,6	16	07 231	07 288	07 345	07 402	07 459
14,5	17	07 081	07 138	07 195	07 252	07 309
15,5	18	06 931	06 988	07 045	07 102	07 159
16,5	19	06 782	06 839	06 896	06 953	07 010
17,5	20	06 633	06 690	06 747	06 804	06 861
18,7	21	06 485	06 542	06 599	06 656	06 713
19,8	22	06 337	06 394	06 451	06 508	06 565
21,1	23	06 190	06 247	06 304	06 361	06 418
22,4	24	06 043	06 100	06 157	06 214	06 271

	58
1	5,8
2	11 6
3	17,4
4	23,2
5	29,0
6	34,8
7	40,6
8	46,4
9	52,2

	154
1	15,4
2	30,8
3	46,2
4	61,6
5	77,0
6	92,4
7	107,8
8	123,2
9	138,6

	151
1	15,1
2	30,2
3	45,3
4	60,4
5	75,5
6	90,6
7	105,7
8	120,8
9	135,9

	148
1	14,8
2	29,6
3	44,4
4	59,2
5	74,0
6	88,8
7	103,6
8	118,4
9	133,2

Spiegazioni della Tavola 7, vedi pag. 129 e 133.

La Tav. 7 dà il log. del peso di 1 ccm di azoto a t° e p. mm.

pw	t°	p = 755	756	757	758	759
7,5	7	08 321	08 378	08 436	08 493	08 550
8,0	8	08 166	08 223	08 281	08 338	08 395
8,6	9	08 012	03 069	08 127	08 184	08 241
9,2	10	07 858	07 915	07 973	08 030	08 087
9,8	11	07 704	07 761	07 819	07 876	07 933
10,5	12	07 551	07 608	07 666	07 723	07 780
11,2	13	07 399	07 456	07 514	07 571	07 628
12,0	14	07 247	07 304	07 362	07 419	07 476
12,8	15	07 096	07 153	07 211	07 268	07 325
13,5	16	06 945	07 002	07 060	07 117	07 174
14,5	17	06 795	06 852	06 910	06 967	07 024
15,5	18	06 645	06 702	06 760	06 817	06 874
16,5	19	06 496	06 553	06 611	06 668	06 725
17,5	20	06 347	06 404	06 462	06 519	06 576
18,7	21	06 199	06 256	06 314	06 371	06 428
19,8	22	06 051	00 108	06 166	06 223	06 280
21,1	23	05 904	05 961	06 019	06 076	06 133
22,4	24	05 757	05 814	05 872	05 929	05 986

pw	t°	p = 765	766	767	768	769
7,5	7	08 892	08 949	09 006	09 062	09 119
8,0	8	08 737	08 794	08 851	08 907	08 964
8,6	9	08 583	08 640	08 697	08 753	08 810
9,2	10	08 429	08 486	03 543	08 599	08 656
9,8	11	08 275	08 332	08 389	08 445	08 502
10,5	12	08 122	08 179	08 236	08 292	08 349
11,2	13	07 970	08 027	08 084	08 140	08 197
12,0	14	07 818	07 875	07 932	07 988	08 045
12,8	15	07 667	07 724	07 731	07 837	07 894
13,6	16	07 516	07 573	07 630	07 686	07 743
14,5	17	07 366	07 423	07 480	07 536	07 593
15,5	18	07 216	07 273	07 330	07 386	07 443
16,5	19	07 067	07 124	07 181	07 237	07 294
17,5	20	06 918	06 975	07 032	07 088	07 145
18,7	21	06 770	06 827	06 884	06 940	06 997
19,8	22	06 622	06 679	06 736	06 792	06 849
21,1	23	06 475	06 532	06 589	06 645	06 702
22,4	24	06 328	06 385	06 442	06 498	06 555

Tavola ausiliare a pag. 60.

	57
1	5,7
2	11,4
3	17,1
4	22,8
5	28,5
6	34,2
7	39,9
8	45,6
9	51,3

	154
1	15,4
2	30,8
3	46,2
4	61,6
5	77,0
6	92,4
7	107,8
8	123,2
9	138,6

	151
1	15,1
2	30,2
3	45,3
4	60,4
5	75,5
6	90,6
7	105,7
8	120,8
9	135,9

	148
1	14,8
2	29,6
3	44,4
4	59,2
5	74,0
6	88,8
7	103,6
8	118,4
9	133,2

Spiegazioni della Tavola 7, vedi pag. 129 e 133.

1 ccm. di azoto a 0° e 760 mm. di pressione pesa 1,2505 mg.

Tavola ausiliare a pag. 60.

pw	t°	p=770	771	772	773	774
7,5	7	09 175	09 231	09 288	09 344	09 400
8,0	8	09 020	09 076	09 133	09 189	09 245
8,6	9	08 866	08 922	08 979	09 035	09 091
9,2	10	08 712	08 768	08 825	08 881	08 937
9,8	11	08 558	08 614	08 671	08 727	08 783
10,5	12	08 405	08 461	08 518	08 574	08 630
11,2	13	08 253	08 309	08 366	08 422	08 478
12,0	14	08 101	08 157	08 214	08 270	08 326
12,8	15	07 949	08 005	08 062	08 118	08 174
13,6	16	07 798	07 854	07 911	07 967	08 023
14,5	17	07 648	07 704	07 761	07 817	07 873
15,5	18	07 498	07 554	07 611	07 667	07 723
16,5	19	07 349	07 405	07 462	07 518	07 574
17,5	20	07 200	07 256	07 313	07 369	07 425
18,7	21	07 052	07 108	07 165	07 221	07 277
19,8	22	06 904	06 960	07 017	07 073	07 129
21,1	23	06 757	06 813	06 870	06 926	06 982
22,4	24	06 611	06 667	06 724	06 780	06 836

pw	t°	p=780	781	782	783	784
7,5	7	09 735	09 791	09 847	09 902	09 958
8,0	8	09 580	09 636	09 692	09 747	09 803
8,6	9	09 426	09 482	09 538	09 593	09 649
9,2	10	09 272	09 328	09 384	09 439	09 495
9,8	11	09 118	09 174	09 230	09 285	09 341
10,5	12	08 965	09 021	09 077	09 132	09 188
11,2	13	08 813	08 869	08 925	08 980	09 036
12,0	14	08 661	08 717	08 773	08 828	08 884
12,8	15	08 509	08 565	08 621	08 676	08 732
13,6	16	08 358	08 414	08 470	08 525	08 581
14,5	17	08 208	08 264	08 320	08 375	08 431
15,5	18	08 058	08 114	08 170	08 225	08 281
16,5	19	07 909	07 965	08 021	08 076	03 132
17,5	20	07 760	07 816	07 872	07 927	07 983
18,7	21	07 612	07 668	07 724	07 779	07 835
19,8	22	07 464	07 520	07 576	07 631	07 687
21,1	23	07 317	07 373	07 429	07 484	07 540
22,4	24	07 171	07 227	07 283	07 338	07 394

	56	154	151	148
1	5,6	15,4	15,1	14,8
2	11,2	30,8	30,2	29,6
3	16,8	46,2	45,3	44,4
4	22,4	61,6	60,4	59,2
5	28,0	77,0	75,5	74,0
6	33,6	92,4	90,6	88,8
7	39,2	107,8	105,7	103,6
8	44,8	123,2	120,8	118,4
9	50,4	138,6	135,9	133,2

Spiegazioni della Tavola 7, vedi pag. 129 e 133.

La Tav. 7 dà il log. del peso di 1 ccm. di azoto a t° e p. mm.

pw	t°	p=775	776	777	778	779
7,5	7	09 456	09 512	09 568	09 624	09 680
8,0	8	09 301	09 357	09 413	09 469	09 525
8,6	9	09 147	09 203	09 259	09 315	09 371
9,2	10	08 993	09 049	09 105	09 161	09 217
9,8	11	08 839	08 895	08 951	09 007	09 063
10,5	12	08 686	08 742	08 798	08 854	08 910
11,2	13	08 534	08 590	08 646	08 702	08 758
12,0	14	08 382	08 433	08 494	08 550	08 606
12,8	15	08 230	08 286	08 342	08 398	08 454
13,6	16	08 079	08 135	08 191	08 247	08 308
14,5	17	07 929	07 985	08 041	08 097	08 158
15,5	18	07 779	07 835	07 891	07 947	08 008
16,5	19	07 630	07 686	07 742	07 798	07 854
17,5	20	07 481	07 537	07 593	07 649	07 705
18,7	21	07 333	07 389	07 445	07 501	07 557
19,8	22	07 185	07 241	07 297	07 353	07 409
21,1	23	07 038	07 094	07 150	07 206	07 262
22,4	24	06 892	06 948	07 004	07 060	07 116

pw	t°	p=785	786	787	788	789
7,5	7	10 013	10 068	10 123	10 179	10 234
8,0	8	09 858	09 913	09 968	10 024	10 079
8,6	9	09 704	09 759	09 814	09 870	09 925
9,2	10	09 550	09 605	09 660	09 716	09 771
9,8	11	09 396	09 451	09 506	09 562	09 617
10,5	12	09 243	09 298	09 353	09 409	09 464
11,2	13	09 091	09 146	09 201	09 257	09 312
12,0	14	08 939	08 994	09 049	09 105	09 162
12,8	15	08 787	08 842	08 897	08 953	09 008
13,6	16	08 636	08 691	08 746	08 802	08 857
14,5	17	08 486	08 541	08 596	08 652	08 707
15,5	18	08 336	08 391	08 446	08 502	08 557
16,5	19	08 187	08 242	08 297	08 353	08 408
17,5	20	08 038	08 093	08 148	08 204	08 259
18,7	21	07 890	07 945	08 000	08 056	08 111
19,8	22	07 742	07 797	07 852	07 908	07 963
21,1	23	07 595	07 650	07 705	07 761	07 816
22,4	24	07 449	07 504	07 559	07 615	07 670

	56
1	5,6
2	11,2
3	16,8
4	22,4
5	28,0
6	33,6
7	39,2
8	44,8
9	50,4

	152
1	15,2
2	30,4
3	45,6
4	60,8
5	76,0
6	91,2
7	106,4
8	121,6
9	136,8

	149
1	14,9
2	29,8
3	44,7
4	59,6
5	74,5
6	89,4
7	104,3
8	119,2
9	134,1

	146
1	14,6
2	29,2
3	43,8
4	58,4
5	73,0
6	87,6
7	102,2
8	116,8
9	131,4

Tavola ausiliare a pag. 60.

Spiegazioni della Tavola 7, vedi pag. 129 e 133.

Seccondo E. Mohr [Ber. d. d. Chem. Ges. 54, 2758 (1921)] si è costretti di seguire il modo qui sotto indicato per la determinazione volumetrica dell'azoto, allorchè il tenore di azoto supera il 25 %. Quando si arrotonda la temperatura in gradi interi (vedi p. 113) si deve aumentare o rispettivamente diminuire di A decimi di millimetro la pressione per ogni decimo di grado aggiunto o risp. trascurato. Il valore del "rapporto arrotondato" A dipende dai valori misurati di pressione e temperatura. La tabella a) qui sotto esposta contiene i rapporti di arrotondamento A valevole per pari valori arbitrari di pressione e di temperatura nei limiti della tavola 7. Trovato il valore di A della tabella a) si trova allora la correzione della pressione appartenente, non importa quale arrotondamento di temperatura, coll'aiuto della tabella b).

a) Tabella dei valori di A. (p = pressione in mm Hg).

Temperatura (C°) — Valore di A

p:	670	680	690	700	710	720	730	740	750	760	770	780	790
7			2,5								2,8		
8						2,6			2,7		—	2,8	
9	2,4		—	2,5									
10						—	2,6			2,7			2,8
11		2,4							—			—	
12					2,5			2,6			2,7		
13	—			—									
14			2,4				—			—			
15						2,5							—
16									2,6			2,7	
17		—			—								
18	2,3			2,4				—		2,6	—		
19							2,5						2,7
20		2,3			2,4								
21			—			—		2,5			2,6		
22			2,3			2,4			—			—	
23									2,5			2,6	
24													

b) Tabella di arrotondamento di temperatura e correzioni di pressione corrispondente

Arrotondamento di temperatura	0,1°	0,2°	0,3°	0,4°	0,5°	0,6°	0,7°	0,8°	0,9°
A = 2.3	0.2	0.5	0,7	0.9	1.2	1,4	1,6	1.8	2.1
A = 2.4	0,2	0 5	0,7	1,0	1,2	1,4	1,7	1 9	2,2
A = 2,5	0.3	0,5	0 8	1,0	1.3	1,5	1,8	2,0	2.3
A = 2.6	0,3	0,5	0,8	1,0	1.3	1.6	1 8	2.1	2,3
A = 2,7	0.3	0.5	0 8	1,1	1,4	1.6	1.9	2.2	2.4
A = 2,8	0,3	0,6	0,8	1,1	1,4	1,7	2,0	2,2	2,5

Correzione della pressione in mm (eguale segno di arrotondamento della temper.)

Determinazione volumetrica di gas importanti

Si ottiene il logaritmo del peso di a ccm di uno dei gas più sotto enumerati, misurati a t° e a p mm di pressione, quando si addiziona al lg di a il lg corrispondente trovato nella tavola 7 ed il lg appartenente al gas in questione nell'ultima colonna dello schema seguente. Se il gas è misurato allo stato umido, si deve sottrarre dalla lettura della pressione la tensione di vapor d'acqua e correggere la lettura del barometro come è indicato nelle spiegazioni della tavola 7.

Gas	Formola	Peso del litro trovato alle condiz. normali		Per la riduzione coll'aiuto della tav. 7.	
		g	lg	Fattore	lg
Acetilene	C_2H_2	1,1709	06 852	0,9365	97 144
Acido cloridrico	HCl	1,6391	21 461	1,3108	11 753
Ammoniaca	NH_3	0,7715	88 734	0,6170	79 026
Anidride carbon.	CO_2	1,9768	29 597	1,5809	19 889
Anidride solfor.	SO_2	2,9267	46 638	2,3404	36 930
Aria	—	1,2929[1])	11 157	1,0339	01 449
Azoto	N_2	1,2505	09 708	1,0000	00 000
Cloro	Cl_2	3,220	50 786	2,575	41 078
Gas normale	$^1/_{32}O_2$	0,044615	64 948	0,03568	55 240
Idrogeno	H_2	0,089870	95 261	0,07187	85 653
Idrogeno solfor.	H_2S	1,5393	18 732	1,2309	09 024
Metano	CH_4	0,7168	85 540	0,5732	75 832
Ossido d'azoto	NO	1,3402	12 717	1,0718	03 009
Ossidulo d'azoto	N_2O	1,9774	29 610	1,5813	19 902
Ossido di carbon.	CO	1,2501	09 694	0,9997	99 986
Ossigeno	O_2	1,4289	15 500	1,1427	05 792

[1]) Valore medio (variazioni tra 1,2927 e 1,2933).

1 ccm di gas ideale del peso molecolare M pesa allo stato secco alla pressione p (in cm di mercurio) ed alla temperatura T (temperatura assoluta).

$$\frac{M \cdot 0{,}000044615 \cdot 273{,}20 \cdot p}{76 \cdot T} = M \cdot 0{,}000\,160\,38 \cdot \frac{p}{T} \text{ grammi}$$

(lg 16038 = 20515).

Spiegazioni della Tavola 9, vedi pag. 134.

Determinazione volumetrica di sostanze che sviluppano gas.

Allorchè una sostanza produce in una reazione a ccm di gas misurati a t° e a p mm di pressione, si ottiene il log del peso g del prodotto che sviluppa il gas, quando si aggiunge al lg di a il lg preso nel luogo corrispondente della tavola 7 ed il lg di trasformazione appartenente alla sostanza in questione nell'ultima colonna dello schema seguente.

Se il gas è misurato allo stato umido si deve sottrarre dalla lettura della pressione la tensione del vapor d'acqua, e si può egualmente correggere la lettura del barometro, come è indicato nelle spiegazioni alla tavola 7.

Gas misurati	Sostanza cercata	1 ccm di gas (ridotto) corrisponde al prodotto cercato mg	log	log di trasformazione da addizionare al logaritmo della tav. 7.
Acetilene	CaC_2	2,884	45 993	36 285
	H_2O	0,8109	90 893	81 185
Ossigeno	H_2O_2*)	1,519	18 153	08 445
	$KMnO_4$	2,823	45 065	35 357
	H_2O_2**)	3,038	48 256	38 548
	Na_2O_2**)	6,965	84 294	74 586
Ossido d'az.	HNO_3	2,814	44 938	35 230
	KNO_3	4,516	65 473	55 765
	N_2	0,6256	79 631	69 923
	N_2O_3	2,412	38 239	28 531
	NO_2	2,769	44 238	34 530
	NH_4NO_3	3,575	55 328	45 620
	$NaNO_3$	3,796	57 937	48 229
Idrogeno	Fe	2,490	39 616	29 908
	Zn	2,915	46 465	36 757

*) Trasformazione del H_2O_2 con $KMnO_4$.
**) Scomposizione del H_2O_2.

Spiegazioni della Tavola 10, vedi pag. 136.

Determinazione del peso molecolare

I. – PER SPOSTAMENTO D'ARIA (VITTORIO MEYER).

A. *Coll'aiuto del volume molecolare di un gas ideale.*

$V_M = 22414$ cc (0°, 760 mm Hg, 45° di latitudine).

$$M = \frac{22414 \cdot G \cdot 760 \cdot (273{,}20 + t)}{v \cdot p \cdot 273{,}20} = 62351 \cdot \frac{G \cdot (273{,}20 + t)}{v \cdot p}$$

$$\lg M = 79485 + \lg G + \lg (273{,}20 + t) + (1 - \lg v) + (1 - \lg p)$$

M = peso molecolare cercato; G = grammi di sostanza pesati; t = gradi Celsius; v = volume dell'aria letto in cm³; p = pressione del gas in mm Hg (calcolati alla pressione baromertica, colle correzioni dell'umidità della lettura barometrica e della differenza di livello eventuale del liquido che racchiude il gas).

B. *Coll'aiuto della tavola dell'azoto* 7.

$$M = \frac{28{,}016 \cdot G}{v \cdot g_7};\ \lg M = 44741 + \lg G + (1 - \lg v) + (1 - \log g_7).$$

g_7 = valori di g della tavola 7 cioè $(1 - \lg g_7)$ = cologaritmo del lg della tavola 7; M, G e v come sotto A.

II. – PER ABBASSAMENTO DEL PUNTO DI CONGELAMENTO OPPURE PER L'INNALZAMENTO DEL PUNTO DI EBOLLIZIONE.

$$M = K \cdot \frac{G}{L} \cdot \frac{1}{\Delta};\ \lg M = \lg K + \lg G + (1 - \lg L) + (1 - \lg \Delta)$$

M = peso molecolare cercato; K = costante dei solventi; G = grammi di sostanza disciolti; L = grammi di solvente; Δ = punto di congelamento o rispettivam. innalzamento di temperatura in gradi.

Per abbassam. del punto di congel.

Densità a 20°	Solventi	Punto di congel.	$\frac{K}{1000}$	log K
1,049	Ac. ac. glac.	16,65	3,9	3,5911
1,220	Ac. formico	8,43	2,77	3,4425
0,998	Acqua	0,00	1,853	3,2679
0,879	Benzolo	5,4	5,10	3,7076
2,890	Bromaform.	9	14,4	4,1584
2,177	Brom. di etilene	9,98	12,5	4,0969
—	Brom. di stagno	29,9	28,0	4,4472
—	Canfora	178	48,5	4,6857
0,778	Cicloesano	6,2	20,2	4,3054
—	Fenantrene	100	12,0	4,0792
—	Fenolo	41	7,3	3,8633
—	Naftalina	80,1	6,899	3,8388
1,203	Nitrobenz.	5,67	6,89	3,8382
1,68	Ossicl. fosf.	1,3	7,57	3,8791

Per innalzam. del punto di ebulliz.

Solventi	Punto di ebull.	$\frac{K}{1000}$	log K	Densità a 20°
Acetone	56,1	1,73	3,2380	0,792
Ac. ac. glac.	118,1	3,07	3,4871	1,049
Acqua	100,0	0,515	2,7118	0,998
Alcool	78,3	1,20	3,0792	0,789
Alcool metil.	64,7	0,84	2,9243	0,792
Anidride ac.	139,6	3,53	3,5478	1,082
Anilina	184,4	3,69	3,5670	1,022
Benzolo	80,5	2,57	3,4099	0,879
Cloroformio	61,2	3,88	3,5888	1,483
Difenile	254,9	7,06	3,8488	—
Diossane	100,8	3,2	3,5052	1,033
Etere	34,6	2,16	3,3345	0,714
Fenolo	180,5	3,60	3,5563	—
Naftalina	217,7	5,80	3,7634	—
Solfuro carb.	46,3	2,29	3,3598	1,263
Tetracl. di carb.	76,8	4,88	3,6884	1,593

Siegazioni della Tavola 11, vedi pag. 138.

Tavola 12

Determinazione volumetrica per pesata. I.

Un recipiente di vetro di un litro esatto, contiene a t° w grammi di acqua della medesima temperatura, pesati nell'aria con pesi di ottone.

t	w	lg w	t	w	lg w
0	998,81	999 4833	17,2	997,71	999 0034
1	998,87	999 5090	17,4	997,67	998 9882
2	998,91	999 5263	17,6	997,64	998 9726
3	998,94	999 5373	17,8	997,60	998 9568
4	998,94	999 5407	18.0	997,56	998 9408
5	998,94	999 5373	18,2	997,53	998 9247
6	998,91	999 5268	18,4	997,49	998 9082
7	998,87	999 5099	18,6	997,45	998 8915
8	998,82	999 4868	18,8	997,41	998 8746
9	998,75	999 4572	19,0	997,37	998 8576
10	998,67	999 4220	19,2	997,33	998 8402
11	998,58	999 3807	19,4	997,29	998 8228
12	998,47	999 3341	19,6	997,25	998 8058
13	998,35	999 2811	19,8	997,21	998 7875
14	998,21	999 2232	20,0	997,17	995 7696
14,2	998,19	999 2111	20,2	997,13	998 7518
14,4	998,16	999 1989	20,4	997,09	998 7335
14,6	998,13	999 1862	20,6	997,05	998 7152
14,8	998,10	999 1732	20,8	997,00	998 6965
15,0	998,07	999 1601	21,0	996,96	998 6777
15,2	998,04	999 1470	21,2	996,92	998 6586
15,4	998,01	999 1336	21,4	996,87	998 6394
15,6	997,98	999 1201	21,6	996,83	998 6202
15,8	997,94	999 1062	21,8	996,78	998 6006
16,0	997,91	999 0923	22,0	996,74	998 5810
16,2	997,88	999 0779	22,2	996,69	998 5610
16,4	997,35	999 0635	22,4	996,65	998 5392
16,6	997,81	999 0488	22,6	996,60	998 5205
16,8	997,78	999 0339	22,8	996,55	998 5000
17.0	997,74	999 0187	23,0	996,51	998 4795

Il volume di un recipiente di vetro essendo V_t, a t° allora a t° il $V_t' = V_t \left(1 + \frac{t' - t}{40\,000}\right)$

Densità dell'acqua e del mercurio, vedi pag. 192.

Spiegazioni della Tavola 12, vedi pag. 139.

Tavola 12
Determinazione volumetrica per pesata. I.

Un recipiente di vetro di un litro esatto, contiene a t° w grammi di acqua della medesima temperatura, pesati nell'aria con pesi di ottone.

t	w	lg w	t	w	lg w
23,2	996,46	998 4586	29,2	994,85	997 7580
23,4	996,41	998 4377	29,4	994,79	997 7323
23,6	996,36	998 4167	29,6	994,73	997 7061
23,8	996,31	998 3954	29,8	994,67	997 6799
24,0	996,26	998 3740	30,0	994,61	997 6537
24,2	996,21	998 3522	30,2	994,55	997 6275
24,4	996,16	998 3304	30,4	994,49	997 6008
24,6	996,11	998 3086	30,6	994,43	997 5738
24,8	996,06	998 2864	30,8	994,37	997 5467
25,0	996,01	998 2641	31,0	994,31	997 5196
25,2	995,96	998 2415	31,2	994,24	997 4925
25,4	995,91	998 2188	31,4	994,18	997 4650
25,6	995,86	998 1961	31,6	994,12	997 4375
25,8	995,80	998 1734	31,8	994,05	997 4100
26,0	995,75	998 1503	32,0	993,99	997 3820
26,2	995,70	998 1267	32,2	993,93	997 3540
26,4	995,64	998 1032	32,4	993,86	997 3261
26,6	995,59	998 0796	32,6	993,80	997 2977
26,8	995,53	998 0544	32,8	993,73	997 2693
27,0	995,48	998 0321	33,0	993,67	997 2409
27,2	995,42	998 0077	33,2	993,60	997 2120
27,4	995,37	997 9832	33,4	993,54	997 1832
27,6	995,31	997 9588	33,6	993,47	997 1544
27,8	995,26	997 9344	33,8	993,40	997 1246
28,0	995,20	997 9095	34,0	993,33	997 0953
28,2	995,14	997 8846	34,2	993,27	997 0660
28,4	995,08	997 8598	34,4	993,20	997 0367
28,6	995,03	997 8344	34,6	993,13	997 0070
28,8	994,97	997 8091	34,8	993,06	996 9768
29,0	994,91	997 7838	35,0	993,00	996 9471

Densità dell'acqua e del mercurio, vedi pag. 192.

Il volume di un recipiente di vetro essendo V_t a t°, allora a t° il $V_t' = V_t \left(1 + \frac{t'-t}{40\,000}\right)$

Pic.

Spiegazioni della Tavola 12, vedi pag. 139.

Tavola 12

Determinazione volumetrica per pesata. I.

Un recipiente di vetro di un litro esatto contiene a t° q grammi di Hg della medesima temperatura, pesati nell'aria e con pesi di ottone.

t	q	lg q
0	13596,2	133 4176
1	13593,7	133 3377
2	13591,2	133 2578
3	13588,8	133 1811
4	13586,3	133 1012
5	13583,8	133 0313
6	13581,4	132 9445
7	13578,9	132 8646
8	13576,4	132 7846
9	13574,0	132 7078
10	13571,5	132 6279
11	13569,1	132 5510
12	13566,6	132 4710
13	13564,1	132 3910
14	13561,7	132 3141
15	13559,2	132 2341
16	13556,8	132 1572
17	13554,3	132 0771
18	13551,9	132 0002
19	13549,4	131 9200
20	13547,0	131 8431
21	13544,5	131 7630
22	13542,0	131 6828
23	13539,6	131 6059
24	13537,1	131 5256
25	13534,7	131 4487
26	13532,2	131 3684
27	13529,8	131 2914
28	13527,3	131 2111
29	13524,9	131 1341
30	13522,4	131 0537

Il volume di un recipiente di vetro essendo V_t a t'°, allora a t° il $V_t' = V_t \left(1 + \frac{t' - t}{40\,000}\right)$

Densità dell'acqua e del mercurio, vedi pag. 192.

Spiegazioni della Tav. 12, vedi pag. 139.

Determinazione del volume per pesata. II.

Un recipiente di vetro di un litro esatto, contiene a 20° e rispettivam. a 28°, le quantità d'acqua in grammi w_{20} e rispettivamente w_{28}, quando si pesa a t° nell'aria con pesi di ottone.

t	w_{20}	w_{28}	t	w_{20}	w_{28}
0	998,31	998,11	17,2	997,64	997,44
1	998,40	998,20	17,4	997,61	997,41
2	998,46	998,26	17,6	997,58	997,38
3	998,51	998,31	17,8	997,55	997,35
4	998,54	998,34	18,0	997,51	997,31
5	998,56	998,36	18,2	997,48	997,28
6	998,56	998,36	18,4	997,45	997,25
7	998,55	998,35	18,6	997,42	997,22
8	998,52	998,32	18,8	997,38	997,18
9	998,48	998,28	19,0	997,35	997,15
10	998,42	998,22	19,2	997,31	997,11
11	998,35	998,15	19,4	997,28	997,08
12	998,27	998,07	19,6	997,24	997,04
13	998,17	997,97	19,8	997,21	997,01
14	998,06	997,86	20,0	997,17	996,97
14,2	998,04	997,84	20,2	997,14	996,94
14,4	998,02	997,82	20,4	997,10	996,90
14,6	997,99	997,79	20,6	997,06	996,86
14,8	997,97	997,77	20,8	997,02	996,82
15,0	997,94	997,74	21,0	996,99	996,79
15,2	997,92	997,72	21,2	996,95	996,75
15,4	997,89	997,69	21,4	996,91	996,71
15,6	997,87	997,67	21,6	996,87	996,67
15,8	997,84	997,64	21,8	996,83	996,63
16,0	997,81	997,61	22,0	996,79	996,59
16,2	997,78	997,58	22,2	996,75	996,55
16,4	997,76	997,56	22,4	996,71	996,51
16,6	997,73	997,53	22,6	996,66	996,46
16,8	997,70	997,50	22,8	996,62	996,42
17,0	997,67	997,47	23,0	996,58	996,38

La Tavola serve specialm. per il controllo degli strumenti tarati con valore in cifre intiere.

Spiegazioni della Tavola 12 *a*, vedi pag. 139.

Tavola 12*a*

Determinazione del volume per pesata. II.

La Tavola serve specialm. per il controllo degli strumenti tarati con valore in cifre intiere.

Un recipiente di vetro di un litro esatto, contiene a 20°, e rispettivam. a 28°, le quantità d'acqua in grammi w_{20} e rispettivamente w_{28}, quando si pesa a t° nell'aria con pesi di ottone.

t	w_{20}	w_{28}	t	w_{20}	w_{28}
23,2	996,54	996,34	29,2	995,08	994,88
23,4	996,49	996,29	29,4	995,03	994,83
23,6	996,45	996,25	29,6	994,97	994,77
23,8	996,41	996,21	29,8	994,92	994,72
24,0	996,36	996,16	30,0	994,86	994,66
24,2	996,32	996,12	30,2	994,81	994,61
24,4	996,27	996,07	30,4	994,75	994,55
24,6	996,23	996,03	30,6	994,69	994,49
24,8	996,18	995,98	30,8	994,64	994,44
25,0	996,14	995,94	31,0	994,58	994,38
25,2	996,09	995,89	31,2	994,52	994,32
25,4	996,04	995,84	31,4	994,47	994,27
25,6	996,00	995,80	31,6	994,41	994,21
25,8	995,95	995,75	31,8	994,35	994,15
26,0	995,90	995,70	32,0	994,29	994,09
26,2	995,85	995,65	32,2	994,23	994,03
26,4	995,80	995,60	32,4	994,17	993,97
26,6	995,75	995,55	32,6	994,11	993,91
26,8	995,70	995,50	32,8	994,05	993,85
27,0	995,65	995,45	33,0	993,99	993,79
27,2	995,60	995,40	33,2	993,93	993,73
27,4	995,55	995,35	33,4	993,87	953,67
27,6	995,50	995,30	33,6	993,81	993,61
27,8	995,45	995,25	33,8	993,75	993,55
28,0	995,40	995,20	34,0	993,68	993,48
28,2	995,35	995,15	34,2	993,62	993,42
28,4	995,29	995,09	34,4	993,56	993,36
28,6	995,24	995,04	34,6	993,50	993,30
28,8	995,19	994,99	34,8	993,43	993,23
29,0	995,14	994,94	35,0	993,37	993,17

Spiegazioni della Tavola 12*a*, vedi pag. 139.

Tavola 13
Correzioni di temperatura nella volumetria.

Trasformazione del volume di acqua e di soluzioni normali in recipienti di vetro alla temperatura normale di 20°.

Temperatura	Acqua o soluzioni 0,1 n	n/1	Acido ossalico n/1	H_2SO_4 n/1	HNO_3 n/1	Na_2CO_3 n/1	NaOH n/1
C°	Centimetri cubici per 1000 centimetri cubici						
5	+ 1,36	+ 2,23	+ 2,38	+ 3,24	+ 3,30	+ 3,32	+ 3,51
6	1,36	2,15	2,30	3,09	3,14	3,16	3,32
7	1,35	2.07	2,21	2,93	2,98	2,98	3,13
8	1,32	1,97	2,10	2,76	2,80	2,79	2,93
9	1,28	1,85	1,99	2,58	2,61	2,60	2,72
10	1,22	1,73	1,86	2,39	2,41	2,40	2,51
11	1,16	1,60	1,72	2.19	2,21	2,19	2,29
12	1,09	1,45	1,57	1,98	1,99	1,98	2,06
13	0,98	1,30	1,40	1,76	1,76	1,76	1,83
14	0,88	1,14	1,23	1,53	1,53	1,53	1,58
15	0,76	0,97	1,05	1,30	1,30	1,29	1,33
16	0,63	0,79	0,85	1,06	1,05	1,05	1,08
17	0,49	0,61	0,65	0,81	0,80	0,80	0,82
18	0,34	0,41	0,44	0,55	0,54	0,56	0,55
19	0,17	0,21	0,23	0,28	0,27	0,27	0,28
20	0	0	0	0	0	0	0
21	— 0,19	— 0,22	— 0,24	— 0,28	— 0,28	— 0,28	— 0,29
22	0,38	0,44	0,49	0,56	0,57	0,56	0,59
23	0,59	0,67	0,75	0,85	0,87	0,85	0,90
24	0,80	0,91	1,02	1,15	1,17	1,15	1,21
25	1,03	1,17	1,29	1,46	1,48	1,46	1,52
26	1,26	1,43	1,57	1,78	1,80	1,77	1,84
27	1,51	1,70	1,85	2,11	2,13	2,09	2,17
28	1,76	1,92	2,14	2,45	2,46	2,41	2,50
29	1,99	2,26	2,44	2,79	2,80	2,75	2,87
30	2,30	2,55	2,77	3,13	3,14	3,09	3,19

Spiegazioni della Tavola 13, vedi pag. 142.

n_{15° = gradi Baumé « razionali » misurati a 15° C; d_{15° = densità, vale a dire peso di 1 ccm. di liquido in grammi a 15° C e precisamente sotto *a* per liquidi pesanti, sotto *b* per liquidi leggeri.

n_{15°	d_{15°		n_{15°	d_{15°		n_{15°	d_{15°	
	a	b		a	b		a	b
0	0,9991	1,0726	23	1,189	0,9174	46	1,467	0,8015
1	1,006	1,0648	24	1,199	0,9117	47	1,482	0,7971
2	1,013	1,0571	25	1,209	0,9060	48	1,497	0,7928
3	1,020	1,0495	26	1,219	0,9004	49	1,513	0,7885
4	1,028	1,0420	27	1,229	0,8949	50	1,529	0,7842
5	1,035	1,0346	28	1,240	0,8894	51	1,545	0,7800
6	1,042	1,0273	29	1,250	0,8841	52	1,562	0,7759
7	1,050	1,0201	30	1,261	0,8787	53	1,579	0,7718
8	1,058	1,0130	31	1,273	0,8735	54	1,597	0,7677
9	1,066	1,0060	32	1,284	0,8683	55	1,615	0,7637
10	1,074	0,9991	33	1,295	0,8631	56	1,633	0,7597
11	1,082	0,9922	34	1,307	0,8580	57	1,652	0,7558
12	1,090	0,9857	35	1,319	6,8530	58	1,671	0,7519
13	1,098	0,9790	36	1,331	0,8481	59	1,690	0,7480
14	1,106	0,9725	37	1,344	0,8432	60	1,710	0,7442
15	1,115	0,9661	38	1,356	0,8383	61	1,731	
16	1,124	0,9597	39	1,369	0,8335	62	1,752	
17	1,133	0,9534	40	1,382	0,8288	63	1,773	
18	1,142	0,9472	41	1,396	0,8241	64	1,795	
19	1,151	0,9411	42	1,409	0,8195	65	1,818	
20	1,160	0,9351	43	1,423	0,8149	66	1,841	
21	1,169	0,9291	44	1,437	0,8104			
22	1,179	0,9232	45	1,452	0,8059			

Trasformazione di m gradi Twaddell in densità:

$$d = 1{,}000 + 0{,}005\ m.$$

Spiegazioni della Tavola 14, vedi pag. 143.
Vedi anche le "Aggiunte" a pag. 192.

Peso volumetrico e normalità delle soluzioni.
Preparazione di soluzioni normali secondo il peso volume.

$d_{15^0} = d_r \frac{15^0}{4^0}$	Normalità delle soluzioni H_2SO_4	HCl	HNO_3	KOH	NaOH	Na_2CO_3	$d_{15^0} = d_r \frac{15^0}{4^0}$	Normal. NH_3
1,010	0,324	0,593	0,305	0,213	0,239	0,198	0,995	0,666
1,020	0,634	1,155	0,599	0,413	0,464	0,383	0,990	1,224
1,030	0,951	1,737	0,899	0,616	0,700	0,571	0,985	1,934
1,040	1,264	2,328	1,197	0,822	0,939	0,762	0,980	2,637
1,050	1,578	2,929	1,497	1,032	1,182	0,956	0,975	3,343
1,060	1,896	3,544	1,796	1,246	1,431	1,153	0,970	4,043
1,070	2,223	4,158	2,092	1,462	1,684	1,353	0,965	4,740
1,080	2,555	4,784	2,389	1,682	1,942	1,556	0,960	5,453
1,090	2,887	5,414	2,685	1,903	2,205	1,762	0,955	6,208
1,100	3,219	6,037	2,985	2,128	2,472	1,971	0,950	6,966
1,110	3,556	6,673	3,287	2,356	2,744	2,183	0,945	7,722
1,120	3,885	7,317	3,594	2,586	3,021	2,408	0,940	8,480
1,130	4,219	7,981	3,902	2,819	3,302	2,626	0,935	9,251
1,140	4,559	8,648	4,215	3,046	3,588	2,847	0,930	10,03
1,150	4,903	9,327	4,531	3,292	3,878	3,071	0,925	10,81
1,160	5,249	10,03	4,850	3,532	4,173		0,920	11,59
1,170	5,600	10,74	5,174	3,778	4,472		0,915	12,39
1,180	5,958	11,45	5,499	4,023	4,776		0,910	13,19
1,190	6,319	12,15	5,828	4,272	5,084		0,905	13,99
1,200	6,685	12,87	6,159	4,523	5,397		0,900	14,80
1,210	7,052		6,490	4,776	5,714		0,895	15,61
1,220	7,424		6,827	5,030	6,039		0,890	16,42
1,230	7,803		7,175	5,288	6,365		0,885	17,30
1,240	8,162		7,531	5,550	6,693		0,880	18,26
1,250	8,521		7,894	5,811	7,032			
1,260	8,882		8,261	6,075	7,375			
1,270	9,248		8,635	6,341	7,722			
1,280	9,623		9,016	6,609	8,078			
1,290	10,00		9,401	6,882	8,432			
1,300	10,39		9,792	7,153	8,795			
1,310	10,78		10,20	7,423	9,166			
1,320	11,17		10,62	7,704	9,542			
1,330	11,57		11,05	7,981	9,921			
1,340	11,95		11,49	8,264	10,309			
1,350	12,34		11,95	8,547	10,704			

Dalla determinazione di $d_r \frac{15^\circ}{15^\circ}$, si trova il valore di d_{15° multiplicando con 0,99913.

Spiegazioni della Tavola 15, vedi pag. 145.

TAVOLA 16

Solubilità di sostanze importanti a 20°

Prodotto	Formola	%	% anid.	mol/l	$d_{20}°$
Acido borico	H_3BO_3	4,75	—	0,780	1,015
» cromico anid..	CrO_3	62,6	—	—	—
* » ossalico	$H_2C_2O_4 \cdot 2H_2O$	11,68	8,34	0,962	1,0383
Ammonio carbonato (comm.)	NH_4HCO_3 + + $NH_4CO_2NH_2$ ...	20	—	1,36	1,07
Ammonio cloruro ...	NH_4Cl	27,1	—	5,45	1,075
» nitrato....	NH_4NO_3...........	65,2	—	10,6	1,308
* » ossalato ...	$(NH_4)_2C_2O_4 \cdot H_2O$ ...	4,862	4,246	0,349	1,0188
» solfato ...	$(NH_4)_2SO_4$	43,0	—	4,06	1,247
» » ferroso	$(NH_4)_2Fe(SO_4)_2 \cdot 6H_2O$	29,3	21,2	0889,	1,19
» » ferrico	$NH_4Fe(SO_4)_2 \cdot 12H_2O$	42,9	23,7	1,08	1,22
Argento nitrato.....	$AgNO_3$	68,3	—	8,76	2,18
Bario cloruro	$BaCl_2 \cdot 2H_2O$	30,9	26,3	1,62	1,28
» idrossido	$Ba(OH)_2.8H_2O$	6,91	3,75	0,228	1,04
* » nitrato.......	$Ba(NO_3)_2$..........	8,268	—	0,338	1,0691
*Cadmio solfato	$CdSO_4 \cdot {}^8/_3H_2O$	53,42	43,42	3,367	1,6165
Calcio cloruro	$CaCl_2 \cdot 6H_2O$	84,3	42,7	5,50	1,43
» idrossido	$Ca(OH)_2$..........	0,163	—	0,0220	1,001
» solfato	$CaSO_4 \cdot 2H_2O$	0,258	0,204	0,0150	1,001
Ferro (II) cloruro ..	$FeCl_2 \cdot H_2O$	63,8	40,7	4,78	1,49
» (III) cloruro .	$FeCl_3$ $6H_2O$	79,8	47,9	4,49	1,52
» (II) solfato ..	$FeSO_4.7H_2O$	38,43	21,00	1,693	1,225
Magnesio cloruro ...	$MgCl_2 \cdot 6H_2O$	75,4	35,3	4,93	1,33
» solfato ...	$MgSO_4 \cdot 7H_2O$	61,4	30,0	3,26	1,31
*Manganese solfato ..	$MnSO_4 \cdot 5H_2O$	61,61	38,59	3,800	1,4866
*Mercurio cloruro ...	$HgCl_2$	6,167	—	0,239	1,0518
*Piombo cloruro	$PbCl_2$.............	0,971	—	0,0351	1,0070
» nitrato.....	$Pb(NO_3)_2$..........	34,3	—	1,45	1,40

Nota. – I valori segnati con * sono determinati a 15°.

Spiegazioni della Tavola 16, vedi pag. 147.

TAVOLA 16
Solubilità di sostanze importanti a 20°

Prodotto	Formula	%	% anid.	mol/l	$d_{20°}$
*Potassio allume	$KAl(SO_4)_2 \cdot 12H_2O$ ...	10,43	5,677	0,231	1,0527
» bicarbonato	$KHCO_3$	24,9	—	2,93	1,18
* » bicromato .	$K_2Cr_2O_7$	10,322	—	0,396	1,0768
* » bromuro	KBr	39,73	—	4,573	1,3701
» carbonato	$K_2CO_3 \cdot 2H_2O$	68,5	53,1	6,21	1,58
» cianuro ferroso	$K_4Fe(CN)_6 \cdot 3H_2O$ ...	22,6	19,7	0,621	1,16
» » ferrico	$K_3Fe(CN)_6$	30,9	—	1,11	1,18
* » clorato.....	$KClO_3$	6,793	—	0,578	1,0420
* » cloruro	KCl	25,58	—	4,028	1,1739
* » cromato	K_2CrO4	38,94	—	2,764	1,3785
» idrossido ..	$KOH \cdot 2H_2O$	86,7	52,8	14,4	1,53
* » iodato	KJO_3	7,478	—	0,372	1,0643
» ioduro	KJ	59,1	—	6,09	1,71
» nitrato.....	KNO_3	24,1	—	2,76	1,16
» nitrito	KNO_2	75,4	—	14,6	1,65
* » perclorato .	$KClO_4$	1,047	—	0,120	1,0085
* » permanganato	$KMnO_4$	5,946	—	0,391	1,0397
* » solfato	K_2SO_4............	9,91	—	0,614	1,0807
*Rame solfato	$CuSO_4 \cdot 5H_2O$	27,06	17,30	1,297	1,1965
Sodio acetato	$NaC_2H_3O_2 \cdot 3H_2O$ ...	52,6	31,7	4,52	1,17
» bicarbonato ..	$NaHCO_3$	8,76	—	1,13	1,08
* » carbonato	$Na_2CO_3 \cdot 10H_2O$	48,65	18,02	2,030	1,1941
* » cloruro	NaCl.............	26,403	—	5,421	1,2001
» fosfato (bisod.)	$Na_2HPO_4 \cdot 12H_2O$ ...	21,5	8,52	0,648	1,08
» idrossido	$NaOH \cdot H_2O$........	75,6	52,1	20,2	1,55
» nitrato.......	$NaNO_3$	46,8	—	7,60	1,38
» nitrito	$NaNO_2$	45,0	—	8,67	1,33
* » ossalato	$Na_2C_2O_4$..........	3,302	—	0,253	1,0255
* » solfato	$Na_2SO_4 \cdot 10H_2O$	36,34	16,02	1,297	1,1501
» solfito	$Na_2SO_3 \cdot 7H_2O$	40,7	20,35	1,94	1,20
» tetraborato	$Na_2B_4O_7 \cdot 10H_2O$	4,9	2,6	0,13	1,02
» tiosolfato	$Na_2S_2O_3 \cdot 5H_2O$	64,6	41,17	3,62	1,39
Stagno cloruro (II) .	$SnCl_2 \cdot 2H_2O$	86,3	72,5	7,92	2,07
Stronzio cloruro	$SrCl_2 \cdot 6H_2O$	58,9	35,0	3,07	1,39
Zinco cloruro	$ZnCl_2 \cdot 1,5\ H_2O$	94,1	78,6	12,0	2,08
» solfato	$ZnSO_3 \cdot 7\ H_2O$	62,9	35,3	3,21	1,47

Spiegazioni della Tavola 16, vedi pag. 147.

La caratteristica è −3 per a di 001 al 009; − 2 per a di 010 al 090; − 1 per a di 091 sino al 499.

a	0	1	2	3	4	5	6	7	8	9
00	—	00 043	30 190	47 842	60 380	70 115	78 076	84 815	90 658	95 817
01	00 436	04 619	08 442	11 962	15 225	18 265	21 112	23 790	26 316	28 708
02	30 980	33 144	35 208	37 184	39 076	40 894	42 641	44 325	45 949	47 518
03	49 035	50 504	51 927	53 308	54 650	55 954	57 222	58 457	59 660	60 834
04	61 979	63 096	64 188	65 256	66 299	67 321	68 321	69 301	70 260	71 202
05	72 125	73 030	73 919	74 793	75 650	76 493	77 322	78 136	78 928	79 726
06	80 502	81 266	82 019	82 760	83 490	84 210	84 919	85 619	86 309	86 990
07	87 662	88 324	88 978	89 624	90 262	90 892	91 514	92 129	92 736	93 337
08	93 930	94 517	95 097	95 671	96 238	96 800	97 355	97 905	98 449	98 987
09	99 520	00 048	00 570	01 087	01 600	02 107	02 610	03 108	03 602	04 092
10	04 576	05 056	05 532	06 005	06 472	06 937	07 397	07 853	08 306	08 755
11	09 200	09 642	10 081	10 516	10 947	11 376	11 801	12 223	12 641	13 057
12	13 470	13 880	14 287	14 691	15 092	15 490	15 886	16 279	16 669	17 057
13	17 442	17 825	18 205	18 583	18 958	19 331	19 703	20 071	20 437	20 801
14	21 163	21 523	21 880	22 236	22 589	22 940	23 289	23 637	23 982	24 326
15	24 667	25 007	25 344	25 681	26 015	26 347	26 678	27 007	27 335	27 660
16	27 984	28 307	28 628	28 946	29 263	29 579	29 894	30 207	30 519	30 829
17	31 137	31 445	31 750	32 054	32 357	32 659	32 958	33 257	33 555	33 851
18	34 146	34 440	34 732	35 023	35 313	35 601	35 889	36 175	36 460	36 744
19	37 026	37 308	37 589	37 869	38 146	38 423	38 700	38 975	39 250	39 522
20	39 794	40 065	40 335	40 604	40 872	41 138	41 405	41 670	41 933	42 197
21	42 459	42 720	42 981	43 241	43 499	43 757	44 013	44 270	44 525	44 779
22	45 033	45 285	45 537	45 788	46 039	46 288	46 537	46 785	47 031	47 279
23	47 524	47 768	48 013	48 256	48 499	48 741	48 982	49 223	49 463	49 702
24	49 940	50 178	50 415	50 651	50 887	51 122	51 357	51 591	51 823	52 056
25	52 288	52 519	52 750	52 980	53 209	53 438	53 667	53 894	54 122	54 348
26	54 574	54 800	55 024	55 249	55 472	55 696	55 918	56 141	56 362	56 583
27	56 804	57 024	57 244	57 463	57 681	57 899	58 117	58 334	58 550	58 766
28	58 983	59 198	59 413	59 627	59 841	60 053	60 267	60 479	60 691	60 903
29	61 114	61 324	61 535	61 745	61 955	62 163	62 372	62 580	62 788	62 995
30	63 202	63 409	63 615	63 821	64 026	64 232	64 436	64 641	64 844	65 048
31	65 251	65 454	65 656	65 858	66 061	66 262	66 463	66 664	66 865	67 064
32	67 264	67 464	67 663	67 861	68 060	68 258	68 456	68 653	68 850	69 048
33	69 244	69 440	69 636	69 831	70 028	70 222	70 417	70 612	70 806	71 000
34	71 194	71 386	71 580	71 772	71 966	72 158	72 350	72 542	72 733	72 925
35	73 116	73 307	73 496	73 687	73 877	74 067	74 256	74 446	74 634	74 823
36	75 012	75 201	75 389	75 577	75 764	75 952	76 139	76 327	76 513	76 700
37	76 886	77 072	77 258	77 444	77 630	77 815	78 001	78 185	78 370	78 555
38	78 739	78 923	79 107	79 291	79 475	79 658	79 842	80 025	80 208	80 391
39	80 573	80 756	80 939	81 120	81 303	81 484	81 666	81 847	82 028	82 210
40	82 391	82 571	82 753	82 934	83 113	83 294	83 474	83 654	83 834	84 013
41	84 193	84 372	84 552	84 731	84 910	85 089	85 268	85 447	85 626	85 803
42	85 982	86 160	86 338	86 516	86 695	86 872	87 050	87 228	87 404	87 582
43	87 760	87 937	88 113	88 291	88 467	88 644	88 821	88 997	89 173	89 350
44	89 526	89 703	89 879	90 054	90 231	90 407	90 582	90 758	90 934	91 110
45	91 285	91 461	91 636	91 811	91 987	92 161	92 336	92 512	92 687	92 861
46	93 037	93 211	93 386	93 561	93 736	93 910	94 085	94 259	94 434	94 608
47	94 782	94 956	95 131	95 305	95 479	95 653	95 828	96 002	96 176	96 350
48	96 524	96 698	96 872	97 046	97 220	97 393	97 568	97 741	97 915	98 089
49	98 263	98 436	98 611	98 784	98 958	99 132	99 305	99 479	99 653	99 826
a	0	1	2	3	4	5	6	7	8	9

Spiegazioni della Tavola 17, vedi pag. 147.

a	0	1	2	3	4	5	6	7	8	9
50	00 000	00 174	00 347	00 521	00 695	00 868	01 042	01 216	01 389	01 564
51	01 737	01 911	02 085	02 259	02 432	02 607	02 780	02 954	03 128	03 302
52	03 476	03 650	03 824	03 998	04 172	04 347	04 521	04 695	04 869	05 044
53	05 218	05 392	05 566	05 741	05 915	06 090	06 264	06 439	06 614	06 789
54	06 963	07 139	07 313	07 488	07 664	07 839	08 013	08 189	08 364	08 539
55	08 715	08 890	09 066	09 242	09 418	09 593	09 769	09 946	10 121	10 297
56	10 474	10 650	10 827	11 003	11 179	11 356	11 533	11 709	11 887	12 063
57	12 240	12 418	12 596	12 772	12 950	13 128	13 305	13 484	13 662	13 840
58	14 018	14 197	14 374	14 553	14 732	14 911	15 090	15 269	15 448	15 628
59	15 807	15 987	16 166	16 346	16 526	16 706	16 887	17 066	17 247	17 429
60	17 609	17 790	17 972	18 153	18 334	18 516	18 697	18 880	19 061	19 244
61	19 427	19 609	19 792	19 975	20 158	20 342	20 525	20 709	20 893	21 077
62	21 261	21 445	21 630	21 815	21 999	22 185	22 370	22 556	22 742	22 928
63	23 114	23 300	23 487	23 673	23 861	24 048	24 236	24 423	24 611	24 799
64	24 988	25 177	25 366	25 554	25 744	25 933	26 123	26 313	26 504	26 693
65	26 884	27 075	27 267	27 458	27 650	27 842	28 034	28 228	28 420	28 614
66	28 806	29 000	29 194	29 388	29 583	29 778	29 972	30 169	30 364	30 560
67	30 756	30 952	31 150	31 347	31 544	31 742	31 940	32 139	32 337	32 536
68	32 736	32 936	33 135	33 336	33 537	33 738	33 939	34 142	34 344	34 546
69	34 749	34 952	35 156	35 359	35 564	35 768	35 974	36 179	36 385	36 591
70	36 798	37 005	37 212	37 420	37 628	37 837	38 045	38 255	38 465	38 676
71	38 886	39 097	39 309	39 521	39 733	39 947	40 159	40 373	40 587	40 802
72	41 017	41 234	41 450	41 666	41 883	42 101	42 319	42 537	42 756	42 976
73	43 196	43 417	43 638	43 859	44 082	44 304	44 528	44 751	44 976	45 200
74	45 426	45 652	45 878	46 106	46 333	46 562	46 791	47 020	47 250	47 481
75	47 712	47 944	48 177	48 409	48 643	48 878	49 113	49 349	49 585	49 822
76	50 060	50 298	50 537	50 777	51 018	51 259	51 501	51 744	51 987	52 232
77	52 476	52 721	52 969	53 215	53 463	53 712	53 961	54 212	54 463	54 715
78	54 967	55 221	55 475	55 730	55 987	56 243	56 501	56 759	57 019	57 280
79	57 541	57 803	58 067	58 330	58 595	58 862	59 128	59 396	59 665	59 935
80	60 206	60 478	60 750	61 025	61 300	61 577	61 854	62 131	62 411	62 692
81	62 974	63 256	63 540	63 825	64 111	64 399	64 687	64 977	65 268	65 560
82	65 854	66 149	66 445	66 743	67 042	67 341	67 643	67 946	68 250	68 555
83	68 863	69 171	69 481	69 793	70 106	70 421	70 737	71 054	71 372	71 693
84	72 016	72 340	72 667	72 993	73 322	73 653	73 985	74 319	74 656	74 993
85	75 333	75 674	76 018	76 363	76 711	77 060	77 411	77 764	78 120	78 477
86	78 837	79 199	79 563	79 929	80 297	80 669	81 042	81 417	81 795	82 175
87	82 558	82 943	83 331	83 721	84 114	84 510	84 908	85 309	85 718	86 120
88	86 530	86 943	37 359	87 777	88 199	88 624	89 053	89 484	89 919	90 358
89	90 800	91 245	91 694	92 147	92 603	93 063	93 528	93 995	94 468	94 944
90	95 424	95 908	96 398	96 892	97 390	97 893	98 400	98 913	99 430	99 952
91	00 480	01 013	01 551	02 095	02 645	03 200	03 762	04 329	04 903	05 483
92	06 070	06 663	07 264	07 871	08 486	09 108	09 738	10 376	11 022	11 676
93	12 338	13 010	13 691	14 381	15 081	15 790	16 510	17 240	17 981	18 734
94	19 498	20 274	21 062	21 864	22 678	23 507	24 350	25 207	26 081	26 970
95	27 875	28 798	29 740	30 699	31 679	32 679	33 701	34 744	35 812	36 904
96	38 021	39 166	40 340	41 543	42 778	44 046	45 350	46 692	48 073	49 496
97	50 965	52 482	54 051	55 675	57 359	59 106	60 924	62 816	64 792	66 856
98	69 020	71 292	73 684	76 210	78 888	81 735	84 275	88 038	91 558	95 381
99	99 564	04 183	09 342	15 185	21 924	29 885	39 620	52 158	69 810	99 957
a	0	1	2	3	4	5	6	7	8	9

La caratteristica è o per a di 500 al 909; + 1 per a di 910 al 990; + 2 per a di 991 al 999.

Spiegazioni della Tavola 17, vedi pag. 147.

A. Equivalenti elettrochimici - Pile normali.

1 Coulomb (oppure Amp-Sec.) = 1,118 mg. argento.
1 F (Faraday) = 107,88 : 0,001 118 = 96500 (lg = 98 453). Coulombs.[1]

Equivalenti elettrochimici

Una corrente di 1 ampère separa oppure decompone

Materia		Formula	in 1 secondo		in 1 minuto	
mg.-equivalente		—	0,010363	01 547	0,62176	79 362
Argento	mg	$Ag^{\cdot}$	1,11800	04 844	67,080	82 659
Rame	mg	$Cu^{\cdot\cdot}$	0,3294	51 769	19,76	29 584
Acqua	mg	H_2O	0,09335	97 010	5,601	74 825
Gas tonante	ccm (rid. a 0° e 760 mm.)	O_2+2H_2	0,1742	24 105	10,455	01 933
Ossigero	ccm (rid. a 0° e 760 mm.)	O_2	0,05801	76 353	3,481	54 168
Idrogeno	ccm (rid. a 0° e 760 mm.)	H_2	0,1162	06 530	6,974	84 345
			in 1 ora		**in 1 giorno**	
g.-equivalente		—	0,037305	57 177	0,89532	95 198
Argento	g.	$Ag^{\cdot}$	4,0248	60 475	96,595	98 495
Rame	g.	$Cu^{\cdot\cdot}$	1,186	07 399	28,46	45 420
Acqua	g.	H_2O	0,3360	52 640	8,065	90 661
Gas tonante	litro (rid. a 0° e 760 mm.)	O_2+2H_2	0,6272	79 741	15,054	17 765
Ossigeno	litro (rid. a 0° e 760 mm.)	O_2	0,2088	31 983	5,012	70 004
Idrogeno	litro (rid. a 0° e 760 mm.)	H_2	0,4184	62 160	10,042	00 181

Pile normali

Tensione della Pila "Internazionale Weston" (pila normale al cadmio con $CdSO_4$-$^8/_3H_2O$)

$$= 1,0183 - 0,00004075(t-20^0) - 0,0000009444(t-20^0)^2 + 0,0000000098(t-20^0)^3 \text{ Volt. } (t = 0^0 \text{ a } 40^0).$$

Tensione della pila Standard Weston (senza corpo al fondo) praticamente costante = 1,0187 Volt (fra 10⁰ e 30⁰).

Tensione della "Pila Standard di Clark"

$$= 1,4325 - 0,00119\,(t-15^0) - 0,000007\,(t-15^0)^2 \text{ Volt.}$$

1) con amalgama di cadmio al $12^1/_2$ % 2) con amalgama di Zn al 10 %

Tensione della "Pila Internazionale Weston"

t	Volt	t	Volt	t	Volt	t	Volt
11⁰	1,01874	16°	1,01848	21°	1,01826	26°	1,01802
12⁰	1,01868	17°	1,01843	22°	1,01822	27°	1,01797
13⁰	1,01863	18°	1,01839	23°	1,01817	28°	1,01792
14⁰	1‘01858	19°	1,01834	24°	1,01812	29°	1,01786
15⁰	1,01853	20°	1,01830	25°	1,01807	30°	1,01781

[1] = 1608 Amp.-Min.

Spiegazioni della Tavola 18, vedi pag. 147.

B. **Elenco grafico dei Potenziali**

per gli elettrodi normali e di confronto, valido a 20° C. Il catodo (di metallo) più nobile forma il polo positivo di una catena, quello meno nobile il polo negativo. Espressione in millivolt (mV).

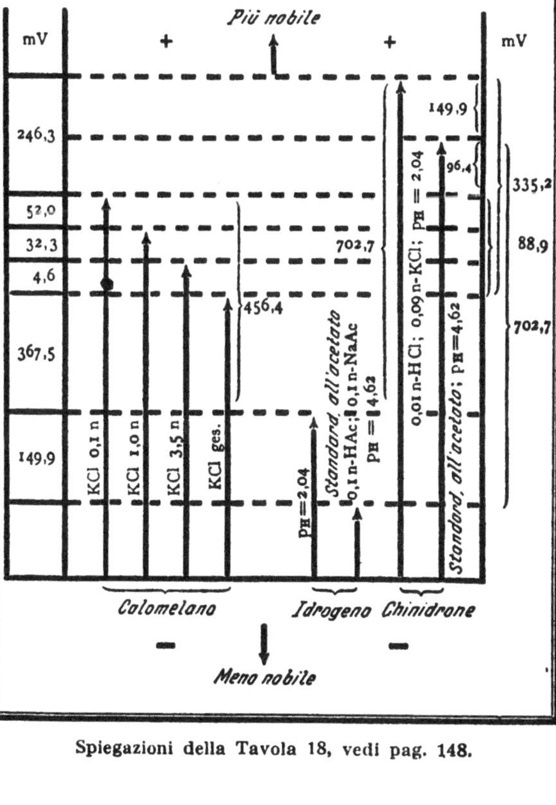

Spiegazioni della Tavola 18, vedi pag. 148.

C. Batmometria.

(Misura del pH = misura del grado di acidità)

I. Calcolo dei gradi di acidità (PH) dalle differenze di potenziale (E) [1]) rispetto agli elettrodi al calomelano con KCl n/10 ($E_{c\,0,1}$), KCl n/1 ($E_{c\,1,0}$), KCl 3,5 n ($E_{c\,3,5}$) e KCl in soluzione satura ($E_{c\,sat.}$). E = positivo se l'elettrodo di prova forma il polo positivo della catena nel caso contrario E = negativo.

a) L'elettrodo di prova è un elettrodo all'idrogeno:

$$\mathrm{pH} = \frac{-\mathbf{E}_{c\,0,1} - \mathbf{H}_{c\,0,1}\,(t)}{0{,}0581 + 0{,}0002\,(t-20)}$$

$$= \frac{-\mathbf{E}_{c\,1,0} - \mathbf{H}_{c\,1,0}\,(t)}{0{,}0581 + 0{,}0002\,(t-20)}$$

$$= \frac{-\mathbf{E}_{c\,3,5} - \mathbf{H}_{c\,3,5}\,(t)}{0{,}0581 + 0{,}0002\,(t-20)}$$

$$= \frac{-\mathbf{E}_{c\,sat.} - \mathbf{H}_{c\,sat.}\,(t)}{0{,}0581 + 0{,}0002\,(t-20)}$$

b) L'elettrodo di prova è un elettrodo al chinidrone (impiegabile solo per pH < 8!):

$$\mathrm{pH} = \frac{-\mathbf{E}_{c\,0,1} + \mathbf{Ch}_{c\,0,1}\,(t)}{0{,}0581 + 0{,}0002\,(t-20)}$$

$$= \frac{-\mathbf{E}_{c\,1,0} + \mathbf{Ch}_{c\,1,0}\,(t)}{0{,}0581 + 0{,}0002\,(t-20)}$$

$$= \frac{-\mathbf{E}_{c\,3,5} + \mathbf{Ch}_{c\,3,5}\,(t)}{0{,}0581 + 0{,}0002\,(t-20)}$$

$$= \frac{-\mathbf{E}_{c\,sat.} + \mathbf{Ch}_{c\,sat.}\,(t)}{0{,}0581 + 0{,}0002\,(t-20)}$$

---

[1]) Si suppone generalmente che i potenziali di diffusione siano già eliminati (secondo la regola VII) e che l'elettrodo di prova e quello di confronto si trovano alla medesima temperatura.

Spiegazioni della Tavola 18, vedi pag. 148.

II. - Calcolo dei gradi di acidità (pH) dalle differenze di potenziale rispetto agli elettrodi normali all'idrogeno (E_h). Solo per misure con elettrodi all'idrogeno.

a) Misura rispetto all'elettrodo al II con soluzione di Veibel (0,01 n-HCl + 0,09 n-KCl; pH = 2,04).

$$p_H = \frac{-E_{h\,2.04}}{0{,}0581 + 0{,}0002\,(t - 20)} + 2{,}04.$$

b) Misura rispetto all'elettrodo a H nella miscela standard all'acetato (HAc n/10 + NaAc n/10; pH = 4,62):

$$p_H = \frac{-E_{h\,4{,}62}}{0{,}0581 + 0{,}0002\,(t - 20)} + 4{,}62.$$

III. Calcolo dei gradi di acidità (pH) dalle differenze di potenziale (E_{ch}) degli elettrodi di prova al chinidrone, rispetto agli elettrodi comparativi al chinidrone.

a) Misura rispetto all'elettrodo comparativo di chinidrone, secondo Veibel (pH = 2,04).

$$p_H = \frac{-E_{ch\,2{\cdot}04}}{0{,}0581 + 0{,}0002\,(t - 20)} + 2.04.$$

b) Misura rispetto all'elettrodo di confronto (comparativo) di chinidrone nella miscela standard all'acetato (pH = 4,62):

$$p_H = \frac{-E_{ch\,4{,}62}}{0{,}0581 + 0{,}0002\,(t - 20)} + 4{,}62.$$

IV. TABELLA

(vedi pagina seguente)

dei valori di $H_{(0)}$ e $Ch_{(0)}$ per i metodi I *a* e I *b*, inoltre tabella dei denominatori comuni a tutti i metodi (con logaritmi corrispondenti): 0,0581 + 0,0002 (t — 20) per temperature fra 10° e 30° e fra 36° e 38°.

Spiegazioni della Tavola 18, vedi pag. 148.

Valori di $H_{(t)}$									
t	KCl				t	KCl			
	0,1 n	1,0 n	3,5 n	sat.		0,1 n	1,0 n	3,5 n	sat.
0°	0,3376	0,2894	—	0,2603					
1°	0,3376	0,2892	—	0,2597	26°	0,3375	0,2844	0,2512	0,2451
2°	0,3376	0,2891	—	0,2592	27°	0,3374	0,2841	0,2508	0,2444
3°	0,3377	0,2889	—	0,2586	28°	0,3373	0,2839	0,2503	0,2438
4°	0,3377	0,2888	—	0,2581	29°	0,3372	0,2836	0,2499	0,2431
5°	0,3377	0,2886	—	0,2575	30°	0,3372	0,2834	0,2495	0,2425
6°	0,3378	0,2884	—	0,2570	31°	0,3371	0,2831	0,2491	0,2418
7°	0,3378	0,2883	—	0,2564	32°	0,3370	0,2827	0,2486	0,2412
8°	0,3378	0,2881	—	0,2559	33°	0,3369	0,2824	0,2482	0,2405
9°	0,3378	0,2880	—	0,2553	34°	0,3368	0,2820	0,2477	0,2399
10°	0,3379	0,2878	0,2569	0,2548	35°	0,3367	0,2817	0,2473	0,2392
11°	0,3379	0,2876	0,2566	0,2542	36°	0,3366	0,2814	0,2468	0,2386
1°2	0,3379	0,2875	0,2563	0,2537	37°	0,3365	0,2810	0,2464	0,2379
13°	0,3380	0,2873	0,2560	0,2531	38°	0,3364	0,2807	0,2459	0,2373
14°	0,3380	0,2872	0,2557	0,2526	39°	0,3362	0,2803	0,2454	0,2366
15°	0,3380	0,2870	0,2554	0,2520	40°	0,3360	0,2800	0,2449	0,2359
16°	0,3381	0,2868	0,2551	0,2515	41°	0,3358	0,2796	0,2444	0,2352
17°	0,3381	0,2867	0,2548	0,2509	42°	0,3356	0,2792	0,2439	0,2345
18°	0,3380	0,2864	0,2544	0,2503	43°	0,3355	0,2788	0,2433	0,2338
19°	0,3380	0,2862	0,2541	0,2497	44°	0,3353	0,2784	0,2428	0,2331
20°	0,3379	0,2859	0,2536	0,2490	45°	0,3351	0,2779	0,2423	0,2324
21°	0,3378	0,2856	0,2532	0,2483	46°	0,3350	0,2775	0,2418	0,2318
22°	0,3378	0,2854	0,2528	0,2477	47°	0,3348	0,2771	0,2413	0,2311
23°	0,3377	0,2851	0,2524	0,2470	48°	0,3346	0,2767	0,2407	0,2304
24°	0,3377	0,2849	0,2520	0,2464	49°	0,3344	0,2763	0,2402	0,2297
25°	0,3376	0,2846	0,2516	0,2457	50°	0,3342	0,2759	0,2397	0,2290
Valori di $Ch_{(t)}$									
0°	0,3799	0,4281	—	0,4572					
1°	0,3791	0,4275	—	0,3470	6°	0,3753	0,4246	—	0,4561
2°	0,3783	0,4269	—	0,4568	7°	0,3745	0,4240	—	0,4559
3°	0,3775	0,4264	—	0,4566	8°	0,3738	0,4235	—	0,4557
4°	0,3768	0,4258	—	0,4564	9°	0,3730	0,4229	—	0,4555
5°	0,3760	0,4252	—	0,4562	10°	0,3722	0,4223	0,4532	0,4553

Spiegazioni della Tavola 18, vedi pag. 148.

Valori di $II_{(t)}$

t	KCl				t	KCl			
	0,1 n	1,0 n	3,5 n	sat.		0,1 n	1,0 n	3,5 n	sat.
11°	0,3714	0,4217	0,4528	0,4551	31°	0,3574	0,4114	0,4454	0,4527
12°	0,3707	0,4211	0,4523	0,4549	32°	0,3567	0,4110	0,4451	0,4526
13°	0,3699	0,4206	0,4159	0,4547	33°	0,3561	0,4106	0,4448	0,4525
14°	0,3691	0,4200	0,4514	0,4545	34°	0,3555	0,4103	0,4446	0,4524
15°	0,3683	0,4194	0,4510	0,4543	35°	0,3549	0,4099	0,4443	0,4524
16°	0,3675	0,4188	0,4505	0,4541	36°	0,3543	0,4095	0,4441	0,4523
17°	0,3668	0,4182	0,4501	0,4540	37°	0,3536	0,4091	0,4437	0,4522
18°	0,3662	0,4178	0,4498	0,4539	38°	0,3530	0,4087	0,4435	0,4521
19°	0,3655	0,4173	0,4494	0,4538	39°	0,3524	0,4083	0,4432	0,4520
20°	0,3648	0,4168	0,4491	0,4537	40°	0,3519	0,4079	0,4430	0,4520
21°	0,3641	0,4163	0,4487	0,4536	41°	0,3513	0,4076	0,4428	0,4519
22°	0,3634	0,4157	0,4483	0,4535	42°	0,3508	0,4072	0,4426	0,4519
23°	0,3628	0,4153	0,4481	0,4534	43°	0,3501	0,4069	0,4423	0,4518
24°	0,3621	0,4148	0,4477	0,4533	44°	0,3496	0,4066	0,4421	0,4518
25°	0,3614	0,4143	0,4473	0,4532	45°	0,3490	0,4062	0,4419	0,4517
26°	0,3608	0,4139	0,4471	0,4532	46°	0,3485	0,4059	0,4417	0,4517
27°	0,3601	0,4134	0,4467	0,4531	37°	0,3479	0,4056	0,4415	0,4516
28°	0,3595	0,4129	0,4465	0,4530	48°	0,3474	0,4053	0,4412	0,4516
29°	0,3588	0,4124	0,4461	0,4529	49°	0,3468	0,4049	0,4410	0,4515
30°	0,3581	0,4119	0,4458	0,4528	50°	0,3463	0,4046	0,4408	0,4515

Valori numerici

t	Num	lg	t	Num	lg	t	Num	lg	t	Num	lg
0°	0,0541	73320	13°	0,0567	75358	26°	0,0593	77305	39°	0,0619	79169
1°	0,0543	73480	14°	0,0569	75511	27°	0,0595	77452	40°	0,0621	79309
2°	0,0545	73640	15°	0,0571	75664	28°	0,0597	77597	41°	0,0623	79449
3°	0,0547	73799	16°	0,0573	75815	29°	0,0599	77743	42°	0,0625	79588
4°	0,0549	73957	17°	0,0575	75967	30°	0,0601	77887	43°	0,0627	79727
5°	0,0551	74115	18°	0,0577	76118	31°	0,0603	78032	44°	0,0629	79865
6°	0,0553	74273	19°	0,0579	76268	32°	0,0605	78176	45°	0,0631	80003
7°	0,0555	74429	20°	0,0581	76418	33°	0,0607	78319	46°	0,0633	80140
8°	0,0557	74586	21°	0,0583	76567	34°	0,0609	78462	47°	0,0635	80277
9°	0,0559	74741	22°	0,0585	76617	35°	0,0611	78604	48°	0,0637	80414
10°	0,0561	74896	23°	0,0587	76864	36°	0,0613	78689	49°	0,0639	80550
11°	0,0563	75051	24°	0,0589	77012	37°	0,0615	78852	50°	0,0641	80686
12°	0,0565	75205	25°	0,0591	77159	38°	0,0617	79029			

Spiegazioni della Tavola 18, vedi pag. 148.

Elettrochimica.

V. Prodotto dei ioni dell'acqua ($K'_a = a_{H^+} \cdot a_{HO^-}$), e valori di $\sqrt{K_o'}$ ($= a_{H^+} = a_{OH^-}$ in soluzione neutra) a temperature diverse.

t	K_a'	$\sqrt{K_a'}$	t	K_a'	$\sqrt{K_a'}$
0°	$10^{-14,89} = 0,13 \cdot 10^{-14}$	$10^{-7,44} = 0,36 \cdot 10^{-7}$	32°	$10^{-13,66} = 2,19 \cdot 10^{-14}$	$10^{-6,83} = 1,48 \cdot 10^{-7}$
5°	$10^{-14,68} = 0,21 \cdot 10^{-14}$	$10^{-7,34} = 0,46 \cdot 10^{-7}$	33°	$10^{-13,63} = 2,35 \cdot 10^{-14}$	$10^{-6,82} = 1,53 \cdot 10^{-7}$
10°	$10^{-14,45} = 0,36 \cdot 10^{-14}$	$10^{-7,23} = 0,59 \cdot 10^{-7}$	34°	$10^{-13,60} = 2,51 \cdot 10^{-14}$	$10^{-6,80} = 1,59 \cdot 10^{-7}$
15°	$10^{-14,24} = 0,58 \cdot 10^{-14}$	$10^{-7,12} = 0,76 \cdot 10^{-7}$	35°	$10^{-13,57} = 2,71 \cdot 10^{-14}$	$10^{-6,79} = 1,65 \cdot 10^{-7}$
16°	$10^{-14,20} = 0,63 \cdot 10^{-14}$	$10^{-7,10} = 0,79 \cdot 10^{-7}$	36°	$10^{-13,54} = 2,92 \cdot 10^{-14}$	$10^{-6,77} = 1,71 \cdot 10^{-7}$
17°	$10^{-14,17} = 0,68 \cdot 10^{-14}$	$10^{-7,08} = 0,82 \cdot 10^{-7}$	37°	$10^{-13,51} = 3,13 \cdot 10^{-14}$	$10^{-6,75} = 1,77 \cdot 10^{-7}$
18°	$10^{-14,13} = 0,74 \cdot 10^{-14}$	$10^{-7,07} = 0,86 \cdot 10^{-7}$	38°	$10^{-13,48} = 3,35 \cdot 10^{-14}$	$10^{-6,74} = 1,83 \cdot 10^{-7}$
19°	$10^{-14,10} = 0,79 \cdot 10^{-14}$	$10^{-7,05} = 0,89 \cdot 10^{-7}$	39°	$10^{-13,45} = 3,59 \cdot 10^{-14}$	$10^{-6,72} = 1,89 \cdot 10^{-7}$
20°	$10^{-14,07} = 0,86 \cdot 10^{-14}$	$10^{-7,03} = 0,93 \cdot 10^{-7}$	40°	$10^{-13,42} = 3,80 \cdot 10^{-14}$	$10^{-6,71} = 1,95 \cdot 10^{-7}$
21°	$10^{-14,03} = 0,93 \cdot 10^{-14}$	$10^{-7,02} = 0,96 \cdot 10^{-7}$	50°	$10^{-13,25} = 5,6 \cdot 10^{-14}$	$10^{-6,63} = 2,4 \cdot 10^{-7}$
22°	$10^{-14,00} = 1,00 \cdot 10^{-14}$	$10^{-7,00} = 1,00 \cdot 10^{-7}$	60°	$10^{-12,90} = 12,6 \cdot 10^{-14}$	$10^{-6,45} = 3,5 \cdot 10^{-7}$
23°	$10^{-13,96} = 1,10 \cdot 10^{-14}$	$10^{-6,98} = 1,05 \cdot 10^{-7}$	70°	$10^{-12,68} = 21 \cdot 10^{-14}$	$10^{-6,34} = 4,6 \cdot 10^{-7}$
24°	$10^{-13,93} = 1,19 \cdot 10^{-14}$	$10^{-6,96} = 1,09 \cdot 10^{-7}$	80°	$10^{-12,47} = 34 \cdot 10^{-14}$	$10^{-6,24} = 5,8 \cdot 10^{-7}$
25°	$10^{-13,90} = 1,27 \cdot 10^{-14}$	$10^{-6,95} = 1,13 \cdot 10^{-7}$	90°	$10^{-12,28} = 52 \cdot 10^{-14}$	$10^{-6,14} = 7,2 \cdot 10^{-7}$
26°	$10^{-13,86} = 1,38 \cdot 10^{-14}$	$10^{-6,93} = 1,17 \cdot 10^{-7}$	100°	$10^{-12,13} = 74 \cdot 10^{-14}$	$10^{-6,07} = 8,6 \cdot 10^{-7}$
27°	$10^{-13,83} = 1,50 \cdot 10^{-14}$	$10^{-6,91} = 1,23 \cdot 10^{-7}$	120°	$10^{-11,90} = 125 \cdot 10^{-14}$	$10^{-5,95} = 11 \cdot 10^{-7}$
28°	$10^{-13,79} = 1,62 \cdot 10^{-14}$	$10^{-6,90} = 1,27 \cdot 10^{-7}$	140°	$10^{-11,75} = 180 \cdot 10^{-14}$	$10^{-5,88} = 13 \cdot 10^{-7}$
29°	$10^{-13,76} = 1,76 \cdot 10^{-14}$	$10^{-6,88} = 1,33 \cdot 10^{-7}$	160°	$10^{-11,60} = 250 \cdot 10^{-14}$	$10^{-5,80} = 16 \cdot 10^{-7}$
30°	$10^{-13,73} = 1,89 \cdot 10^{-14}$	$10^{-6,86} = 1,37 \cdot 10^{-7}$	180°	$10^{-11,50} = 320 \cdot 10^{-14}$	$10^{-5,75} = 10 \cdot 10^{-7}$
31°	$10^{-13,69} = 2,04 \cdot 10^{-14}$	$10^{-6,85} = 1,43 \cdot 10^{-7}$	200°	$10^{-11,40} = 400 \cdot 10^{-14}$	$10^{-5,70} = 20 \cdot 10^{-7}$

Spiegazioni della Tavola 18, vedi pag. 148.

VI. - Relazione fra grado di acidità (p_H) e concentrazione degli ioni d'idrogeno (a_H+).

$p_H = - \lg (a_H+)$ vedi però le spieg. pag. 149). $(a_H+) = {}^{10}\text{num.} (- p_H)$.

Esempio:

a) Dato $[a_H+]$, cercato p_H:

$$[a_H+] = 2{,}5 \cdot 10^{-5}$$

$$\lg 2{,}5 \cdot 10^{-5} = 0{,}40 - 5 = - 4{,}60$$

$$p_H = 4{,}60.$$

b) Dato p_H, cercato $[a_H+]$:

$$p_H = 7{,}35$$

$$[a_H+] = \text{num} (- 7{,}35) = \text{num} (0{,}65 - 8) = 4{,}5 \cdot 10^{-8}.$$

Regola: Uguali differenze del grado di acidità (p_H) corrispondono ad uguali rapporti della concentrazione degli ioni d'H ($[a_H+]$).

Esempio:

P_H: 2,00 ╲╱ 2,30 ╲╱ 2,60 ╲╱ 2,90
0,30 0,30 0,30

(a_H+):	num (— 2,00)	num (— 2,30)	num (— 2,60)	num (— 2,90
=	num (0,00 — 2)	num (0,70 — 3)	num (0,40 — 3)	num (0,10−3)
=	$1 \cdot 10^{-2}$	$5{,}0 \cdot 10^{-3}$	$2{,}5 \cdot 10^{-3}$	$1{,}25 \cdot 10^{-3}$
+	1/1	1/2	1/4	1/8

Spiegazioni della Tavola 18, vedi pag. 148.

TAVOLA DI TRASFORMAZIONE

per il calcolo di a_{H^+} da p_H e viceversa.

p_H	0	1	2	3	4	5	6		8	9
0	**1,000**	**0,977**	**0,955**	**0,933**	**0,912**	**0,891**	**0,871**	**0,851**	**0,832**	**0,813**
1	**0,794**	**0,776**	**0,759**	**0,741**	**0,725**	**0,708**	**0,692**	**0,676**	**0,661**	**0,646**
2	**0,631**	**0,617**	**0,603**	**0,589**	**0,575**	**0,562**	**0,550**	**0,537**	**0,525**	**0,513**
3	**0,501**	**0,490**	**0,479**	**0,468**	**0,457**	**0,447**	**0,437**	**0,427**	**0,417**	**0,407**
4	**0,398**	**0,389**	**0,380**	**0,372**	**0,363**	**0,355**	**0,347**	**0,339**	**0,331**	**0,324**
5	**0,316**	**0,309**	**0,302**	**0,295**	**0,288**	**0,282**	**0,275**	**0,269**	**0,263**	**0,257**
6	**0,251**	**0,245**	**0,240**	**0,234**	**0,229**	**0,224**	**0,219**	**0,214**	**0,209**	**0,204**
7	**0,200**	**0,195**	**0,191**	**0,186**	**0,182**	**0,178**	**0,174**	**0,170**	**0,166**	**0,162**
8	**0,158**	**0,155**	**0,151**	**0,148**	**0,145**	**0,141**	**0,138**	**0,135**	**0,132**	**0,129**
9	**0,126**	**0,123**	**0,120**	**0,117**	**0,115**	**0,112**	**0,110**	**0,107**	**0,105**	**0,102**

Le cifre della tabella indicano i valori di attività, che corrispondono alle frazioni dei valori di p_H (in distanze di 0,01) sono aggiunte di un fattore formato da una potenza di dieci, i cui esponenti negativi sono dati dalle unità intiere del grado di acidità.

Esempio: Per p_H = 3,56 è a_{H^+} + 0,275 10^{-3} o viceversa per a_{H^+} = 0,525 · 10^{-6}; p_H = 6,28.

Spiegazioni della Tavola 18, vedi pag. 148.

VII. Eliminazione dei potenziali di diffusione (delle soluzioni) al punto di contatto di due diverse soluzioni acquose di elettroliti.

1) **Misura della forza elettromotrice, intercalando una soluzione di KCl 1,75 n (risultato: E_1).**

2) Lo stesso con una soluzione di KCl 3,5 n (risultato: E_2).

3) Trasformazione di E_2 nello stesso senso per l'importo di $E_1 - E_2$ (risultato: E_3).

Esempio:

$E_1 = 0{,}4530$ Volt; $E_2 = 0{,}4514$ Volt.
$E_3 = 0{,}4514 - 0{,}0016 = 0{,}4498$ Volt.

b) $E_1 = 0{,}5312$ Volt; $E_2 = 0{,}5336$ Volt.
$E_3 = 0{,}5336 + 0{,}0024 = 0{,}5360$ Volt.

Alcuni autori raccomandano di correggere E_2 solo con la metà di $E_1 - E_2$, in modo che nell'esempio precedente si avrebbe:

a) $E_3 = 0{,}4514 - 0{,}0008 = 0{,}4506$ Volt,

b) $E_3 = 0{,}5336 + 0{,}0012 = 0{,}5348$ Volt.

D. Attività e coefficiente di Attività

Concentrazione ionica e potenza degli ioni.

La concentrazione ionica di una qualsiasi soluzione elettrolitic data da

$$\Gamma = \Sigma c_i n_i^2$$

la potenza ionica da

$$I = \frac{\Gamma}{2} = \frac{1}{2} \Sigma c_i n_i^2$$

dove c_i significa la concentrazione, n_i la valenza di una specie di ioni. Nella somma saranno comprese tutte le specie di ioni esistenti nella soluzione.

Spiegazioni della Tavola 18, vedi pag. 150.

Per un elettrolita semplice della concentrazione totale c, che è dissociato alla frazione α (vero coefficiente di dissociazione) la formula (1) cambia come segue:

$$\Gamma = \alpha \cdot c \cdot \Sigma z_i n_i^2 = \alpha \cdot c \cdot w$$

dove z_i corrisponde al numero di ioni di una specie che può formarsi da una molecola.

Nella tavola seguente sono rappresentati i valori di $w = \Sigma z_i n_i^2$ per diversi tipi di elettroliti.

			n^-	Esempio	
1	1	1	1	KCl	2
1	2	2	1	$CaCl_2$	6
2	1	1	2	Na_2SO_4	
1	1	2	2	$MgSO_4$	8
1	3	3	1	$LaCl_3$	12
3	1	1	3	$K_3[Fe(CN)_6]$	
1	4	4	1	$Th(NO_3)_4$	20
4	1	1	4	$K_4[Fe(CN)_6]$	
3	3	3	2	$Al_2(SO_4)_3$	30
3	2	2	3	$Ca_3[Fe(CN)_6]_2$	

Si ottiene la concentrazione ionica Γ moltiplicando il valore d w con $\alpha \cdot c$ cioè solo con c in presen..a di elettroliti forti, per i quali il grado di dissociazione è $\alpha = 1$. Per le miscele di elettroliti semplici si avrà la concentrazione ionica totale sommando le concentrazioni ioniche parziali dei componenti. Questo modo di procedere non si può applicare quando saranno possibili trasformazioni fra ioni componenti, come è il caso in presenza di elettroliti deboli (esempio miscele di HCl e $NaC_2H_3O_2$).

Spiegazioni della Tavola 18, vedi pag. 150.

Esempio di calcolo.

La concentrazione ionica totale di una soluzione che si compone di $NaNO_3$ 0,36 m, di Na_2SO_4 0,05 m e di $MgSO_4$ 0,14 m si calcola come segue (ammettendo sempre i gradi di dissociazione = 1)

$$\Gamma = 0{,}36 \cdot 2 + 0{,}05 \cdot 6 + 0{,}14 \cdot 8 = 2{,}14$$

perciò la potenza ionica

$$I = \frac{\Gamma}{2} = \frac{2{,}14}{2} = 1{,}07$$

Ciò che concerne l'applicazione delle nozioni della concentrazione ionica e della potenza ionica, vedi spiegazioni.

Spiegazioni della Tavola 18, vedi pag. 150.

Indicatori, Batmometria

A. Concentrazione degli

N.	Nome	Formula	Peso mol.	lg
1	Rosso Cresolo	$(C_6H_3\overset{3}{C}H_3\overset{4}{O}H)_2CC_6H_4SO_3$	382,2	58 229
2	Tropeolina OO	$C_6H_5\overset{4}{N}HC_6H_4\overset{1}{N}_2\overset{1}{C}_6H_4\overset{4}{S}O_3Na$	375,2	57 426
3	Giallo metanile	$C_6H_5\overset{4}{N}HC_6H_4\overset{1}{N}_2\overset{1}{C}_6H_4\overset{3}{S}O_3Na$	375,2	57 426
4	Bleu timolo (2 viraggi)	$(C_6H_2\overset{2}{C}H_3C_3\overset{5}{H}_7\overset{4}{O}H)_2CC_6H_4SO_3$	466,3	66 867
5	Giallo metile	$(CH_3)_2NC_6H_4N_2C_6H_5$	225,1	35 238
6	Arancio metile	$(CH_3)_2NC_6H_4N_3C_6H_4SO_3Na$	327,2	51 481
7	β-Dinitrofenolo	$C_6H_3OH(NO_2)_2$ 1 : 2 : 6	184,05	26 494
8	Bleu bromofenolo	$(C_6H_2\overset{4}{O}H\overset{3,5}{Br_2})_2CC_6H_4SO_3$	669,8	82 595
9	α-Dinitrofenolo	$C_6H_3OH(NO_2)_2$ 1 : 2 : 4	184,05	26 494
10	Verde bromo cresolo	$(C_6H\overset{2}{C}H_3\overset{4}{O}H\overset{3,5}{Br_2})_2CC_6H_4SO_3$	697,8	84 378
11	Rosso metile (1 viraggio)	$(CH_3)_2NC_6H_4N_2C_6H_4CO_2Na$ [1]	291,1	46 404
12	γ-Dinitrofenolo	$C_6H_3OH(NO_2)_2$ 1 : 2 : 5	184,05	26 494
13	Rosso clorofenolo	$(C_6H_3\overset{4}{O}H\overset{3}{Cl})_2CC_6H_4SO_3$	423,1	62 644
14	Bromo cresolo porpora	$(C_6H_2\overset{3}{C}H_3\overset{4}{O}H\overset{5}{Br})_2CC_6H_4SO_3$	540,0	73 239
15	p-Nitrofenolo	$C_6H_4OHNO_2$ 1 : 4	139,05	14 317
16	Bleu Bromotimolo	$(C_6H\overset{2}{C}H_3C_3\overset{5}{H}_7\overset{4}{O}H\overset{3}{Br})_2CC_6H_4SO_3$	624,1	79 525

[1]) Rosso metile solubile in acqua.

ottica, Colorimetria

indicatori più importanti.

Valenza del viraggio	colori	limite	Grado del valore medio per la potenza ionica = 0,1 temp. amb. pH ½	Errore della salificazione nel cambiamento alla potenza ionica 0,50	N.
1	rosso (6,8)	giallo (2,4)	1,15	—	1
1	rosso (6,8)	giallo (2,7)	1,51	—	2
1	rosso (6,4)	giallo (2,6)	1,53	—	3
1	rosso (3,7)	giallo (1,5)	1,52	—	4
1	rosso (3,5)	giallo (2,1)	3,31	i,05	5
1	rosso (4,9)	giallo aran. (2,7)	3,39	ca. 0	6
1	incol.	giallo [2])	3,56	—	7
1	giallo (2,6)	bleu (8,2)	3,87	—0,1	8
1	incol.	giallo [2])	(3,90)	—0,1	9
1	giallo (1,8)	bleu (4,1) [3])	4,64	—0,2	10
>1	rosso (5,3)	giallo (2,0)	4,88	ca. 0	11
1	incol.	giallo [2])	(5,10)	—0,1	12
1	giallo	rosso (5,9)	6,01	—0,1	13
1	giallo (2,5)	porpora (6,8)	6,11	—0,2	14
1	incol.	giallo [2])	(7,0)	—	15
1	giallo (1,8)	bleu (4,1)	7,07	—0,2	16

[1]) I numeri tra parentesi indicano l'intensità colorimetrica relativa (molare). [2]) Massimo di assorbimento nell' U. V. [3]) Il nome di " Verde Bromofenolo " non è ben scelto.

Indicatori, Batmometria

A. Concentrazione degli

N.	Nome	Formula	Peso mol.	lg
17	Rosso neutro	$(CH_3)_2NC_6H_3NNC_6H_2CH_3NH_2HCl$	288,6	46 030
18	Rosso fenolo	$(C_6H_4OH)_2CC_6H_4SO_3$	354,2	54 925
19	α-Naftolftaleina	$(C_{10}H_6OH)_2CC_6H_4CO_2$	418,1	62 128
20	Rosso cresolo (1 viraggio)	$(C_6H_3\overset{3}{C}H_3O\overset{4}{H})_2CC_6H_4SO_3$	382,2	58 228
21	m-Nitrofenolo	$C_6H_4OHNO_2$ 1 : 3	139,05	14 317
22	Arancio α-naftolo	$(O\overset{4}{H})C_{10}H_6\overset{1}{N}_2\overset{1}{C}_6H_4\overset{4}{S}O_3Na$	350,2	54 432
23	Fenoltetracloroftaleina	$(C_6H_4OH)_2CC_6Cl_4CO_2$	455,9	65 887
24	Bleu timolo (1 viraggio)	$(C_6H_2\overset{2}{C}H_3C_3\overset{5}{H}_7O\overset{4}{H})_2CC_6H_4SO_3$	466,3	66 867
25	Fenolftaleina	$(C_6H_4OH)_2CC_6H_4CO_2$	318,1	50 256
26	p-Xilenolftaleina [1]	$C_6H_2(\overset{2,5}{C}H_3)_2O\overset{4}{H})_2CC_6H_4CO_2$	374,2	57 310
27	Giallo alizarina R	$N\overset{4}{O}_2C_6H_4\overset{1}{N}_2\overset{1}{C}_6H_3O\overset{4}{H}\overset{3}{C}O_2Na$	309,1	49 010
28	Giallo salicile (giallo alizar. G. G.)	$N\overset{3}{O}_2C_6H_4\overset{1}{N}_2\overset{1}{C}_6H_3O\overset{4}{H}\overset{3}{C}O_2Na$	309,1	49 010
29	Nitramina	$C_6H_2(\overset{2,4,6}{N}O_2)_3N\overset{1}{C}H_3NO_2$	287,1	45 803
30	Tropeolina O (Giallo resorcina)	$\overset{(4,2)}{OH_2}C_6H_3\overset{1}{N}_2\overset{1}{C}_6N_4S\overset{4}{O}_3Na$	316,1	49 982

[1]) Supplisce la Timolftaleina troppo difficilmente solubile.

ottica, Colorimetria
indicatori più importanti.

Valenza del viraggio	colori	limite	Grado del valore medio per la potenza ionica = 0,1 temp. amb. pH ½	Errore della salificazione nel cambiamento alla potenza ionica 0,5	N.
1?	rosso	giallo	(7,4)	—	17
1	giallo (2,4)	rosso (6,8)	7,74	—0,2	18
>1	arancio (0,1)	bleu (2,6)	7,91	—	19
1	giallo (2,4)	rosso (7,0)	8,12	—0,2	20
1	incol.	giallo [1])	(8,26)	—0,1	21
1?	giallo verde	grigiorosa	(8,27)	—	22
>1	incol.	rosso cilieg. (3,6)	8,55	—	23
1	giallo (1,5)	bleu (3,5)	8,89	—	24
>1	incol.	rosso (3,1)	9,50	—0,05	25
>1	incol.	bleu (3,6)	9,65	—	26
1	giallo	rosso bruno	10,81	—	27
1?	giallo chiaro	arancio scuro	(11,08)	—	28
1	incol.	arancio bruno	(ca. 12)	—	29
1?	giallo	rosso bruno	12,22	—	30

[1]) Massimo di assorbimento nell' U. V.

Spiegazione alla tavola 19.

Tutte le ftaleine (N. **19**, **23**, **25**, **26**) sono bibasiche; il loro viraggio prodotto dalla salificazione non obbedisce dunque alle leggi degli indicatori monobasici. Il rosso metile (N. **11**) forma nella parte superiore della sua zona di viraggio un secondo viraggio. Ai numeri 1 (20) e 4 (24) i due viraggi sono completamente divisi uno dall'altro. I numeri dei gradi di mezzo valore derivano dalle misure dell'Istituto di Marburgo salvo quelli fra le parentesi.

B. Batmometria ottica.

Se in una soluzione di assaggio, il cui grado di acidità (pH) deve essere misurato coll'approssimazione del pH 0,5 un indicatore segna il grado di viraggio α, cioè se si trova al 100 α % nel limite inferiore (alcalino) si ha l'equazione:

$$\mathrm{pH} = \mathrm{pH}\tfrac{1}{2}\,\Delta\,\mathrm{pH}\,,$$

nella quale

$$\Delta\,\mathrm{pH} = -\lg \frac{\alpha}{1-\alpha}$$

oppure

$$\alpha \frac{\mathrm{Num.}\,\Delta\,\mathrm{pH}}{1+\mathrm{Num.}\,\Delta\,\mathrm{pH}}.$$

Per determinare il valore Δ pH appartenente al valore di α misurato, per. es., nel colorimetro a miscela di colore oppure nel fotometro spettrale lo si serve meglio di una tavola che contiene Δ pH come funzione di α (o viceversa). La tavola seguente dà una distinta dei valori di

$$\frac{\mathrm{Num.}\,\Delta\,\mathrm{pH}}{1+\mathrm{Num.}\,\Delta\,\mathrm{pH}} = \alpha$$

per i valori di Δ pH fra — 3,00 e + 3,00 in scale di 0,01. I valori di α dovranno sempre essere preceduti da uno 0. Si cerca dunque col valore misurato di α il suo valore corrispondente di Δ pH nella tavola. Questo valore fornirà in unione al grado di mezzo valore dell'indicatore, il quale si trova nella tavola degli indicatori (sezione di A) il grado di acidità cercato della soluzione.

Esempio: Misurato $\alpha = 43{,}7\% = 0{,}437$;

$$\Delta \text{ pH} = -0{,}11 \; ;$$

$$\text{pH} = \text{pH}\tfrac{1}{2} - 0{,}11$$

Essendo il Bleu Bromotimolo l'indicatore scelto ($\text{pH}\frac{1}{2} = 7{,}07$) si avrà

$$\text{pH} = 7{,}07 - 0{,}11 = 6{,}96.$$

Tavola dei valori di $\alpha = \frac{\text{Num. } \Delta \text{ pH}}{1 + \text{Num. } \Delta \text{ pH}}$ per i valori di Δ pH fra — 3,00 e + 3,00 in gradi di 0,01.

A. Valori negativi di Δ pH.

Δ pH	9	8	7	6	5	4	3	2	1	0
— 3,0										0010
— 2,9	0010	0011	0011	0011	0011	0012	0012	0012	0013	0013
— 2,8	0013	0014	0014	0014	0014	0015	0015	0015	0016	0016
— 2,7	0016	0017	0017	0017	0018	0018	0019	0019	0020	0020
— 2,6	0020	0021	0021	0022	0022	0023	0024	0024	0025	0025
— 2,5	0026	0026	0027	0028	0028	0029	0030	0030	0031	0032
— 2,4	0033	0033	0034	0035	0035	0036	0037	0038	0039	0040
— 2,3	0041	0042	0043	0043	0045	0046	0046	0048	0049	0050
— 2,2	0051	0052	0054	0055	0056	0057	0059	0060	0061	0063
— 2,1	0064	0065	0067	0069	0070	0072	0074	0075	0077	0079
— 2,0	0081	0083	0084	0087	0089	0091	0092	0094	0097	0099
— 1,9	0101	0104	0106	0109	0111	0114	0117	0119	0122	0125
— 1,8	0127	0130	0133	0136	0139	0142	0146	0149	0153	0156
— 1,7	0160	0163	0167	0171	0175	0179	0183	0187	0192	0196
— 1,6	0200	0205	0209	0214	0219	0224	0229	0234	0240	0245
— 1,5	0251	0256	0262	0268	0274	0280	0287	0293	0300	0307
— 1,4	0313	0320	0328	0335	0343	0350	0358	0366	0375	0383
— 1,3	0391	0400	0409	0418	0428	0437	0447	0457	0467	0477
— 1,2	0488	0499	0510	0521	0533	0544	0556	0568	0581	0593
— 1,1	0606	0619	0633	0647	0661	0676	0690	0705	0720	0736
— 1,0	0752	0768	0784	0800	0818	0836	0853	0872	0890	0909
— 0,9	0928	0948	0968	0988	1009	1030	1052	1073	1096	1118
— 0,8	1141	1165	1189	1213	1238	1263	1289	1315	1341	1368
— 0,7	1396	1423	1452	1481	1510	1540	1570	1601	1632	1663
— 0,6	1695	1728	1761	1795	1829	1864	1899	1935	1971	2008
— 0,5	2045	2083	2119	2159	2199	2239	2279	2320	2361	2403
— 0,4	2445	2488	2531	2575	2619	2664	2709	2755	2801	2847
— 0,3	2894	2942	2991	3039	3087	3137	3187	3237	3288	3339
— 0,2	3390	3442	3494	3546	3599	3652	3706	3760	3814	3868
— 0,1	3923	3978	4033	4089	4145	4201	4257	4314	4370	4428
— 0,0	4484	4541	4598	4656	4713	4770	4827	4885	4943	5000

Tavola dei valori di $\alpha = \dfrac{\text{Num. } \Delta \text{ pH}}{1 + \text{Num. } \Delta \text{ pH}}$ per i valori di Δ pH fra — 3,00 e + 3,00 in gradi di 0,01.

B. Valori positivi di Δ pH.

Δ pH	0	1	2	3	4	5	6	7	8	9
+ 0,0	5000	5058	5115	5173	5230	5287	5345	5402	5459	5516
+ 0,1	5573	5630	5686	5743	5799	5855	5911	5967	6022	6077
+ 0,2	6132	6186	6240	6294	6348	6401	6454	6506	6558	6610
+ 0,3	6661	6713	6763	6813	6863	6913	6962	7010	7058	7106
+ 0,4	7153	7199	7245	7292	7336	7381	7425	7469	7512	7555
+ 0,5	7597	7639	7680	7721	7761	7801	7841	7881	7918	7955
+ 0,6	7992	8029	8065	8101	8136	8171	8205	8239	8272	8305
+ 0,7	8337	8368	8399	8430	8460	8490	8519	8548	8577	8604
+ 0,8	8632	8659	8685	8711	8737	8762	8787	8811	8835	8859
+ 0,9	8882	8904	8927	8949	8970	8991	9012	9032	9052	9072
+ 1,0	9091	9110	9128	9147	9164	9182	9201	9216	9232	9248
+ 1,1	9264	9280	9295	9310	9324	9339	9353	9367	9381	9394
+ 1,2	9407	9419	9432	9444	9456	9467	9479	9490	9501	9512
+ 1,3	9523	9533	9543	9553	9563	9572	9582	9591	9600	9609
+ 1,4	9617	9625	9634	9642	9650	9657	9665	9672	9680	9687
+ 1,5	9694	9700	9707	9713	9720	9726	9732	9738	9744	9750
+ 1,6	9755	9761	9766	9771	9776	9781	9786	9791	9795	9800
+ 1,7	9804	9809	9813	9817	9821	9825	9829	9833	9837	9840
+ 1,8	9844	9847	9851	9854	9858	9861	9864	9867	9870	9873
+ 1,9	9876	9879	9881	9884	9887	9889	9892	9894	9896	9899
+ 2,0	9901	9903	9906	9908	9910	9912	9914	9916	9918	9920
+ 2,1	9921	9923	9925	9926	9928	9930	9931	9933	9935	9936
+ 2,2	9937	9939	9940	9942	9943	9944	9945	9947	9948	9949
+ 2,3	9950	9951	9953	9954	9955	9956	9957	9958	9958	9959
+ 2,4	9960	9961	9962	9963	9964	9965	9966	9966	9967	9968
+ 2,5	9968	9969	9970	9971	9971	9972	9973	9973	9974	9975
+ 2,6	9975	9976	9976	9977	9977	9978	9978	9979	9979	9980
+ 2,7	9980	9981	9981	9981	9982	9982	9983	9983	9984	9984
+ 2,8	9984	9985	9985	9985	9986	9986	9986	9986	9987	9987
+ 2,9	9987	9988	9988	9988	9989	9989	9989	9989	9990	9990
+ 3,0	9990									

C. Colorimetria.

Coll'uso del "colorimetro assoluto" e della soluzione grigia (coll'estinzione specifica 0,500) come mezzo di indebolimento della luce, si può eseguire la misura colorimetrica senza soluzione comparativa.

Una sola misura originale della sostanza colorata cercata fornisce la base per tutte le ulteriori misure con soluzioni qualsiasi della medesima sostanza (servendosi della luce monocromatica).

Coll'impiego del metodo dello "spessore dello strato coordinato" si può ottenere la lettura diretta sulla scala del colorimetro, del tenore della sostanza cercata della soluzione.

Procedimento:

Uno strato dello spessore di 1 cm. di una soluzione originale della concentrazione a gr/litro corrisponde ad uno strato di spessore *b* della soluzione grigia (cioè avente un coefficiente di estinzione di $\frac{1}{2}$); l'estinzione specifica (valevole per 1 cm. di strato) della soluzione originale è dunque 0,500 $b = \frac{b}{2}$.

0,5 cm. d. una soluz. di a g/Lt corrisponde a $\frac{b}{2}$ cm.

0,5 cm. di una soluz. di 1 g/Lt corrisponde a $\frac{b}{2a}$ cm.

0,5 cm. di una soluz. di x g/Lt corrisponde a $\frac{x\ b}{2a}$ cm.

0,5 cm. di una soluz. di x g/Lt corrisponde a x cm.

} di soluzione grigia

Necessitando per la misura della soluzione di assaggio uno strato di spessore di $\frac{a}{b}$ cm. si potrà dunque direttamente leggere (in cm.) della scala del colorimetro (lato della soluzione grigia) il tenore della soluzione in g/Lt.

Il valore di $\frac{a}{b}$ si chiamerà "spessore dello strato coordinato". Si può naturalmente esprimere il tenore delle soluzioni anche in altre unità oltre gr/Lt. (p. es. mg/100 cm.³), la scelta dell'unità si dirige secondo punti di vista pratici.

Esempio: 1 cm. di una soluzione di 2,5 gr/Lt corrisponde a 4,0 cm. di soluzione grigia (misura originale).

Lo spessore di strato coordinato è $\frac{2,5}{4} = 0,625$ cm.

0,625 di una soluzione di x g/Lt corrisponde a x cm. di soluzione grigia.

A. Punti fissi nella termometria.

I punti fissi sottoindicati sono d'una parte di prima e d'altra parte di seconda categoria. Questi ultimi sono segnati con asterisco e non hanno valore decisivo per la formazione della scala termometrica.

Il punto di fusione normale del ghiaccio si riferisce come tutti gli altri punti di fusione (p. f.), punti di solidificazione (p. c.) e punti di mutazione (crioidrica oppure eutettica) p. m.), alla pressione atmosferica normale di 760 mm di Hg, misurati alla densità di 13,595 e con la gravitazione di 980,665 cm/sec². Nei punti di ebollizione (p. e.) e punti di sublimazione (p. s.) l'influenza della pressione (p mm di Hg) è presa in considerazione per mezzo di formole d'interpolazione, che valgono fra 680 mm e 780 mm di Hg (per Naftalina e Benzofenone fra 750 e 760 mm).

Punti fissi (C°):

1.	P. c.	di O_2	$-183{,}00° + 0{,}0126\,(p-760) - 0{,}0000065\,(p-760)^2$
2.	P. s.	» CO_2	$-78{,}50° + 0{,}01595\,(p-760) - 0{,}000011\,(p-760)^2$
3.	P. f.	» Hg	$-38{,}87°$
4.	P. f.	» H_2O	$0{,}000°$
*5.	P. m.	» $Na_2SO_4 \cdot 10H_2O$:	$+32{,}38°$
6.	P. e.	» H_2O	$+100{,}000° + 0{,}0367\,(p-760) - 0{,}000023\,(p-760)^2$
*7.	P. e.	» $C_{10}H_8$	$+217{,}9_6° + 0{,}058\,(p-760)$
*8.	P. c.	» Sn	$+231{,}8_5°$
*9.	P. e.	» $(C_6H_5)_2CO$	$+305{,}9° + 0{,}063\,(p-760)$
*10.	P. c.	» Cd	$+320{,}9°$
*11.	P. c.	» Zn	$+419{,}4_5°$
12.	P. e.	» S	$+444{,}60° + 0{,}0909\,(p-760) - 0{,}000048\,(p-760)^2$
*13.	P. c.	» Sb	$+630{,}5°$
14.	P. c.	» Ag	$+960{,}5°$
15.	P. f.	» Au	$+1063°$
*16.	P. c.	» Cu	$+1083°$
*17.	P. f.	» Pd	$+1557°$
*18.	P. f.	» Pt	$+1770°$
*19.	P. f.	» W	$+3400°$

Spiegazioni della Tavola 20, vedi pag. 155.

B. Correzioni per la colonna di mercurio nei termometri.

Se la colonna di un termometro a mercurio che marca $t_1°$ sposta di n gradi dallo spazio da controllare, l'indicazione del termometro sarà troppo bassa, quando la temperatura ambiente è più bassa, e nel caso contrario sarà troppo alta. La correzione da applicare (k) può calcolarsi a base della formola $k° = n.(t_1 - t_2).\alpha$, ove $t_2°$ significa la temperatura di un termometro ausiliare fissato a mezza altezza della colonna di mercurio che sorge dal recipiente. Il coefficiente α dipende dalla qualità del vetro e dalla costruzione del termometro (termometro con scala incisa sul vetro oppure a scala lattea interna).

Per un vetro di Jena normale 59^{III} e tra 0° e 400° il valore di α corrisponde a 0,000168 per i termometri con scala incisa sul vetro e a 0,000158 per i termometri con scala lattea interna, mentre che per un vetro di Jena 16^{III} o fra — 30° e + 100° si può applicare per le due specie di termometri il valore $\alpha = 0,000156$.

La tabella seguente contiene le correzioni (in C°) per termometri di vetro 59^{III}; la prima fila di cifre vale per termometri con scala incisa sul vetro, la seconda per termometri con scala lattea interna. Il segno (positivo o negativo) di k varia secondo il segno del risultato di $t_1 - t_2$.

C. Calcolo degli equilibri chimici dai dati termochimici.

Se in una equazione riversibile:

$$v_1 S_1 + v_2 S_2 + \ldots \rightleftarrows v_1' S_1' + v_2' S_2' + \ldots$$

il calore sviluppato (calcolato con segno positivo da sinistra a destra), misurato alla temperatura ambiente e alla pressione costante corrisponde a Q calorie, allora si può determinare approssimatamente e in certe condizioni la posizione dell'equilibrio.

Marcando con p_1, p_2, p_1', p_2' ecc. (in atm.) le pressioni parziali ed equilibrate dei partecipanti S_1, S_2, S_1', S_2' ecc. di una reazione, si ha la costante dell'equilibrio:

$$K_p = \frac{(p_1)^{v_1}.(p_2)^{v_2}\ldots}{(p_1')^{v_1'}.(p_2')^{v_2'}\ldots}$$

che deriva dalla equazione:

$$\lg K_p = -\frac{Q}{4,57\ T} + 1,75.\sum v.\lg T + \sum (v.C)$$

(formola di approssimazione di Nernst). (*segue a pag. 102*).

Spiegazioni della Tavola 20, vedi pag. 155.

B. Correzioni per la colonna di Mercurio nei termometri.

Correzioni k (C°)

n (C°)	$t_1 - t_2$ (C°) 40	60	80	100	120	140	160	180	200	220	240	260	280	300	320	340	360	380	n (C°)
20	**0,1** 0,1	**0,2** 0,2	**0,3** 0,3	**0,3** 0,3	**0,4** 0,4	**0,5** 0,4	**0,5** 0,5	**0,6** 0,6	**0,7** 0,6	**0,7** 0,7	**0,8** 0,8	**0,9** 0,8	**0,9** 0,9	**1,0** 0,9	**1,1** 1,0	**1,1** 1,1	**1,2** 1,1	**1,3** 1,2	**20**
40	**0,3** 0,3	**0,4** 0,4	**0,5** 0,5	**0,7** 0,6	**0,8** 0,8	**0,9** 0,9	**1,1** 1,0	**1,2** 1,1	**1,3** 1,3	**1,5** 1,4	**1,6** 1,5	**1,7** 1,6	**1,9** 1,8	**2,0** 1,9	**2,1** 2,0	**2,3** 2,1	**2,4** 2,3	**2,6** 2,4	**40**
60	**0,4** 0,4	**0,6** 0,6	**0,8** 0,8	**1,0** 0,9	**1,2** 1,1	**1,4** 1,3	**1,6** 1,5	**1,8** 1,7	**2,0** 1,9	**2,2** 2,1	**2,4** 2,3	**2,6** 2,5	**2,8** 2,7	**3,0** 2,8	**3,2** 3,0	**3,4** 3,2	**3,6** 3,4	**3,8** 3,6	**60**
80		**0,8** 0,8	**1,1** 1,0	**1,3** 1,3	**1,6** 1,5	**1,9** 1,8	**2,1** 2,0	**2,4** 2,3	**2,7** 2,5	**3,0** 2,8	**3,2** 3,0	**3,5** 3,3	**3,8** 3,5	**4,0** 3,8	**4,3** 4,0	**4,6** 4,3	**4,8** 4,5	**5,1** 4,8	**80**
100			**1,3** 1,3	**1,7** 1,6	**2,0** 1,9	**2,4** 2,2	**2,7** 2,5	**3,0** 2,8	**3,4** 3,2	**3,7** 3,5	**4,0** 3,8	**4,4** 4,1	**4,7** 4,4	**5,0** 4,7	**5,4** 5,1	**5,7** 5,4	**6,0** 5,7	**6,4** 6,0	**100**
120				**2,0** 1,9	**2,4** 2,3	**2,8** 2,7	**3,2** 3,0	**3,6** 3,4	**4,0** 3,8	**4,4** 4,2	**4,8** 4,5	**5,2** 4,9	**5,6** 5,3	**6,0** 5,7	**6,4** 6,1	**6,9** 6,4	**7,3** 6,8	**7,7** 7,2	**120**
140					**2,8** 2,7	**3,3** 3,1	**3,8** 3,5	**4,2** 4,0	**4,7** 4,4	**5,2** 4,9	**5,6** 5,3	**6,1** 5,7	**6,6** 6,2	**7,1** 6,6	**7,5** 7,1	**8,0** 7,5	**8,5** 8,0	**8,9** 8,4	**140**
160						**3,8** 3,5	**4,3** 4,0	**4,8** 4,5	**5,4** 5,1	**5,9** 5,6	**6,4** 6,1	**7,0** 6,6	**7,5** 7,1	**8,1** 7,6	**8,6** 8,1	**9,1** 8,6	**9,7** 9,1	**10,2** 9,6	**160**

Spiegazioni della Tavola 20, vedi pag. 155.

180							**4,8** 4,5	**5,4** 5,1	**6,0** 5,7	**6,6** 6,3	**7,3** 6,8	**7,9** 7,4	**8,5** 8,0	**9,1** 8,5	**9,7** 9,1	**10,3** 9,7	**10,9** 10,2	**11,5** 10,8	180
200								**6,0** 5,7	**6,7** 6,3	**7,4** 6,9	**8,1** 7‘6	**8,7** 8,2	**9,4** 8,8	**10,1** 9‘5	**10,7** 10,1	**11,4** 10,7	**12,1** 11,4	**12,8** 12,0	200
220									**7,4** 6,9	**8,1** 7,6	**8,9** 8,3	**9,6** 9,0	**10,3** 9,7	**11,1** 10,4	**11,8** 11,1	**12,6** 11,8	**13,3** 12,5	**14,0** 13,2	220
240										**8,9** 8,3	**9,7** 9,1	**10,5** 9,9	**11,3** 10,6	**12,1** 11,4	**12,9** 12,1	**13,7** 12,9	**14,5** 13,6	**15,3** 14,4	240
260											**10,5** 9,9	**11,4** 10,7	**12,2** 11,5	**13,1** 12,3	**14,0** 13,1	**14,8** 14,0	**15,7** 14,8	**16,6** 15,6	260
280												**12,2** 11,5	**13,2** 12,4	**14,1** 13,3	**15,0** 14,1	**16,0** 15,0	**16,9** 15,9	**17,9** 16,8	280
300													**14,1** 13,3	**15,1** 14,2	**16,1** 15,2	**17,1** 16,1	**18,1** 17,1	**19,1** 18,0	300
320														**16,1** 15,2	**17,2** 16,2	**18,3** 17,2	**19,3** 18,2	**20,4** 19,2	320
340															**18,3** 17,2	**19,4** 18,3	**20,6** 19,3	**21,7** 20,4	340
360																**20,6** 19,3	**21,8** 20,5	**23,0** 21,6	360
380																	**23,0** 21,6	**24,2** 22,8	380
400	**Termometro con scala incisa sul vetro** » » » **lattea interna**																	**25,5** 24,0	400

Spiegazioni della Tavola 20, vedi pag. 155.

Spiegazione dei simboli:

T temperatura assoluta;

$\sum v$ la diminuzione del numero delle molecole, cioè la differenza:

$$v_1 + v_2 + \ldots - (v_1' + v_2' + \ldots);$$

C la «costante chimica convenzionale» di ciascuno dei partecipanti nella reazione (vedi la tabella seguente);

$\sum (v.C)$ la somma dei prodotti tra numeri di molecole e costanti chimiche, dunque il valore:

$$v_1.C_1 + v_2.C_2 + \ldots - (v_1'.C_1' + v_2'.C_2' + \ldots).$$

Nella formazione di $\Sigma\, v$ e di $\Sigma\,(v.C)$ si deve considerare soltanto i partecipanti alla reazione che si trovano unicamente sotto forma gasosa (escluse dunque le forme di condensazione, fluide o solide).

«Costanti chimiche convenzionali».

Br_2	3,35	$(CN)_2$	3,4	H_2O	3,6
CCl_4	3,1	CO	3,5	H_2S	3,0
CH_4	2,5	CO_2	3,2	J_2	3,9
C_2H_2	3,2	CS_2	3,1	N_2	2,6
C_2H_4	2,95	Cl_2	3,1	NH_3	3,3
C_2H_6	2,6	H_2	1,6	NO	3,5
C_6H_6	3,0	HBr	3,25	N_2O	3,3
$CHCl_3$	3,2	HCl	3,0	O_2	2,8
C_2H_5OH	4,1	HJ	3,4	SO_2	3,3

Per gli atomi dei gas elementari si può ammettere la metà dei valori delle molecole.

Come unità di valore servono le cifre 1,5 per atomi e 3,0 per molecole.

Le costanti chimiche «convenzionali» sono dei valori empirici che valgono solo quando sono combinati al loro membro $1{,}75.\Sigma\, v.\lg T$.

Limiti di validità per la formola d'approssimazione:

Risultati buoni con . .	$\Sigma\, v = 0$
» soddisfacenti con	$\Sigma\, v = \pm 1$
» dubbi con	$\Sigma\, v = \pm 2$
» generalmente inutili con	$\Sigma\, v = \pm$ 3 e più.

Esempio nelle spiegazioni, pag. 156:

(lg 4,57 = 6599; lg 1,75 = 2430).

Spiegazioni della Tavola 20, vedi pag. 155.

Simboli di Unità e di Formole.

I. Simboli di Unità

A. Unità di misura.

Metro .	m	Litro	l	Tonnellata	t
Chilometro.	km	Ettolitro	hl	Grammo	g
Decimetro .	dm	Decilitro	dl	Chilogr.	kg
Centimetro.	cm	Centilitro.	cl	Decigr.	dg
Millimetro .	mm	Millilitro	ml	Centigr.	cg
Micron [1]	μ	metro cubo	m^3	Milligr.	mg
		decim. »	dm^3		
Ara	a	centim. »	cm^3	Ora .	h
Ettaro .	ha	millim. »	mm^3	Minuto . . .	m
Metro quadr.	m^2			» (isolato)	min
Kilom. quadr.	km^2	Gradi Cels.	°	Secondo .	s
Decim. quadr.	dm^2	Caloria [2] .	cal	Tempo d'orologio	
Centim. quadr.	cm^2	Gran. cal. [3]	kcal	esempio: $(3^h\ 15^m\ 20^s)$	
Millim. quadr.	mm^2				
Ampere .	A	Siemens [4]	S	Watt	W
Volt	V	Coulomb	C	Farad	F
Ohm .	Ω	Joule	J	Henry	H
Ampere-ora	Ah	Megawat	MW	Kilovoltampere	kVA
Milliampere	mA	Mikrofarad	μF	Kilowattora	kWh
Kilowatt	kW	Megohm	MΩ		

[1]) $1\ \mu = 0{,}001$ mm. [2]) Invece che grammo caloria [3]) Invece che kilogrammo caloria (o grande caloria), scritto per il passato Cal. [4]) $S = \frac{1}{\Omega}$.

I. Simboli di Unità

B. Prefissi per alcune unità di misura.

T	Terra	$= 10^{12}$	d	Deci-	$= 10^{-1}$
G	Giga-	$= 10^{9}$	c	Centi-	$= 10^{-2}$
M	Mega-	$= 10^{6}$	m	Milli-	$= 10^{-3}$
k	Kilo-	$= 10^{3}$	μ	Micro-	$= 10^{-6}$
h	Etto-	$= 10^{2}$	n	Nano-	$= 10^{-9}$
D	Deca-	$= 10^{1}$	p	Pico	$= 10^{-12}$

Spiegazioni della Tavola 21, vedi pag. 156.

Simboli di Unità e di Formole.

II. Simboli di Formole.

Lunghezza, Superficie, Spazio, Angoli.

- *l* Lunghezza
- *r* Raggio
- *h* Diametro
- λ Lunghezza d'onda
- *h* Altezza
- *s* Lunghezza (di percorso)
- ε Dilatazione specifica ($\Delta\, l/l$)
- μ Rapporto fra contrazione trasversale e dilatazione longitudinale (numero di Poisson)
- γ
- *F* Superficie (sezione)
- α, β, γ Angoli
- φ Spostamento di fase
- ω Spinta
- *V* Volume

Massa.

- *m* Massa
- ρ **Densità**
- *v* Spazio (volume specifico V/m)
- *J* Momento d'inerzia ($\int r^2\, d\, s$, $\int r^2\, d\, F$ o $\int r^2\, d\, m$)
- *A* Peso atomico
- *M* Peso molecolare
- *n* Valenza
- *N* Costante generale di Loschmidt (costante di Avogadro)
- *c* Concentrazione
- *v* Diluzione
- *D* Numero di diffusione

Tempo.

- *t* Tempo (Momento o Durata)
- *T* Durata di periodi
- ***T*** **Costante del tempo**
- *n* Numero di giri (per unità di tempo)
- *n* Numero di oscillazioni (per unità di tempo)
- *f* Frequenza
- ω Frequenza circolare ($2\, \pi\, f$)
- *v* Velocità
- ***b*** **Accelerazione**
- *g* Gravità (accelerazione)
- ω velocità angolare

Forza e Pressione.

- *P* Forza
- *M* Momento di una Forza (Forza × **braccio di leva**)
- *D* Potere di direzione (P/s oppure M/α)
- *p* Pressione (Forza: Superficie)
- *b* Posizione barometrica.
- σ Tensione (di normale pressione)
- τ Tensione di spinta
- γ Tensione di superficie
- *E* Modulo di elasticità
- *G* Modulo di spinta
- α numero di allungamento $1/E$
- β numero di spinta $1/G$
- μ coefficiente di attrito
- η resistenza

Spiegazioni della Tavola 21, vedi pag. 156.

Simboli di Unità e di Formole.

Temperatura.

- t Temperatura termometrica
- ϑ Temperatura unita al tempo
- T Temperatura assoluta
- α Coefficiente di dilatazione $[(d\,l/d\,t) : l_0]$
- γ Coefficiente di dilatazione $[(d\,V/d\,t) : V_0]$

Quantità di calore, Lavoro, Energia.

- Q Quantità di calore
- A Lavoro
- W Energia
- l Calore latente
- q Calore di reazione
- r Calore di vaporizzazione
- H Valore calorico (W/m o W/V)
- J Equivalente termo-meccanico
- c Calore specifico
- c_p Calore specifico a pressione costante
- c_v Calore specifico a volume costante
- $\varkappa$ Rapporto dei calori specifici (c_p/c_v)
- S Entropia
- N Effetto (A/t)
- R Costante dei gas
- η Grado d lavoro (di effetto)

Elettricità e Magnetismo.

- Q Quantità di elettricità
- e Carica elementare
- F Carica equivalente
- σ Densità superfic della carica
- $\mathfrak{E}$ Forza d'intensità di campo elettrico
- U Tensione elettrica
- E Forza elettromotrice
- I Intensità di corrente elettrica
- R Resistenza elettrica
- ρ Resistenza elettrica specifica
- G Valore di conducibilità elettrica ($1/R$)
- $\varkappa$ Conducibilità elettrica ($1/g$)
- Λ
- α Grado di dissociazione
- $\mathfrak{D}$ Spostamento
- ε Numero di elettrizzazione
- C Capacità elettrica
- $\mathfrak{H}$ Intensità di campo magnetico
- V Tensione magnetica
- Λ
- w Numero di avvolgimenti
- $\mathfrak{B}$ Induzione magnetica
- μ Permeabilità ($\mathfrak{B}/\mathfrak{H}$)
- Φ Flusso d'induzione magnetica
- $\mathfrak{J}$ Intensità di magnetizzazione ($\mathfrak{B} - \mu_0\,\mathfrak{H}$)
- $\varkappa$ Suscettibilità magnetica ($\mathfrak{J}/\mathfrak{H}$)
- $\mathfrak{m}$ Momento magnetico
- L Induttività (coefficiente dell'autoinduzione)
- M Induttività reciproca
- $\mathfrak{S}$ Vettore di Poynting (densità di irraggiamento)

Luce.

- c Velocità della luce
- n Coefficiente di rifrazione
- f Lunghezza focale
- Φ Corrente di luce ($I\,\omega$)
- E Intensità di illuminazione (di una superficie illuminata, schiarita, Φ/F)
- B Densità luminosa (d'una superficie lucente, I/F)
- I Intensità di luce (Φ/w)

Spiegazioni della Tavola 21, vedi pag. 156.

III. Alcuni segni matematici.

Segno	Significazioni	Spiegazioni
% p. c.	per cento	
‰ p.m.	per mille	
/	in 1, per 1, su 1, pro	
	sino a	Tre punti sulla linea. Per es. 12...25 significa 12 sino a 25. I limiti sono inclusi; se uno dei due deve essere escluso, bisogna indicarlo.
	virgola; punto	Segno per cifre decimali. Per la divisione in gruppi nelle cifre estese si usi intervalli senza virgole o punti.
+	più, e	
—	meno	
	con, moltiplicato con	Si mette il punto a media altezza della linea.
:/—	per, diviso per	Nelle formole è indicato l'uso del tratto orizzontale; i segni : e / si adoperano soltanto per economia di spazio.
=	eguale a	

Spiegazioni della Tavola 21, vedi pag. 156.

III. Alcuni segni matematici.

Segno	Significazioni	Spiegazioni
$\equiv$	identico	
$\neq$	disuguale	
$\not\equiv$	non identico	
$\approx$	pressa poco eguale approssimativamente	
$<$	più piccolo che	
$>$	più grande che	
$\leqq$	minore o almeno uguale	
$\geqq$	maggiore o almeno uguale	
$\gg$	grande in confronto	d'un altro ordine di grandezza
$\ll$	piccolo in confronto	
∞	infinitamente	
$\sqrt{\ }$ $\sqrt{\ }$ $\sqrt{\ }$	radice di	Segno con tratto orizzontale che termina con un piccolo tratto verticale.
log ^{a}log lg ln	logaritmo » alla base di a » di Briggs » naturale	$\lg x = {}^{10}\log x$ $\ln x = {}^{e}\log x$
$^{\circ}$ $'$ $''$	grado minuto secondo	$1^{\circ} = 60'$ $1' = 60''$ Esempio: $32^{\circ}\ 15'\ 13'',\ 42$.

Spiegazioni della Tavola 21, vedi pag. 156.

Calcolo degli errori.

Se n determinazioni della medesima grandezza forniscono i risultati m_1, m_2, m_3, ecc. e tutte le misure sono equivalenti, cioè nessuna di esse meriti una preferenza, il valore il più probabile della grandezza misurata è:

il *valore medio* $M = \frac{m_1 + m_2 + \ldots\ldots m_n}{n}$ (media aritmetica).

Le differenze di ogni risultato da questo valore medio si chiamano:

Errore individuale, $f_1 = m_1 - M$; $f_2 = m_2 - M$ ecc.

(questi sono in parte positivi ed in parte negativi).

Somma dei quadrati di errore: $\Sigma(f^2) = f_1^2 + f_2^2 + \ldots . f_n^2$

(tutti i quadrati sono naturalmente positivi).

Quindi:

l'*errore medio della misura individuale*, $f_m = \sqrt{\frac{\Sigma(f^2)}{n-1}}$,

l'*errore medio del valore medio*, $F_m = \sqrt{\frac{\Sigma(f^2)}{n(n-1)}}$,

l'*errore il più probabile della misura individuale*, $f_W = 0{,}6745 \cdot f_m \approx {}^2/_3 \cdot f_m$,

l'*errore il più probabile del valore medio*, $F_W = 0{,}6745 \cdot F_m \approx {}^2/_3 \cdot F_m$.

Esposizione del risultato finale E:

$E_m = M \pm F_m$ (il risultato finale è M con un errore medio $\pm F_m$) oppure $E_W = M \pm F_W$ (il risultato finale è: M con errore probabile $\pm F_W$).

Ordinariamente si dà il valore di E_m.

Le conclusioni precedenti non valgono che per gli errori casuali che fanno figurare il risultato finale, ora troppo grande, ora troppo piccolo, ma non per gli errori metodici dovuti a difetto del metodo di misura, i quali hanno sempre il medesimo segno e per gli errori personali, provenienti dalla tendenza dell'osservatore, a misurare sempre nel medesimo senso. Le ultime due cause di errore menzionate devono essere eliminate in un modo acconcio.

Quando si voglia dare maggiore o minore importanza (« peso ») ad alcuni risultati perchè la loro attendibilità sembra per fondate ragioni più grande o più piccola (critica severa!) ognuno di questi risultati — moltiplicati per un fattore p che rappresenta questo « peso » — sarà introdotto nella formazione del valore medio ed altrettanto nel calcolo del quadrato di errore.

Conseguentemente in luogo di n si deve introdurre la somma di tutti i valori p

$$\Sigma(p) = p_1 + p_2 + \ldots . p_n,$$

ove $p = 1$ per risultati d'importanza « normale ».

Per il giudizio dell'influenza degli errori di misura sul risultato dei calcoli ai quali servono queste misure, poi per giudicare le conseguenze dell'introduzione degli errori commessi in diverse determinazioni nel risultato di un calcolo che si basa su queste determinazioni (errori composti) e finalmente per la ricerca di una disposizione tale che nella determinazione l'« errore relativo » del risultato diviene un minimum, noi rimandiamo qui ai trattati dettagliati (per es. *Kohlrausch*, Praktische Physik; *Ostwald-Luther-Druker*, Hand- u. Hillfsbuch; *Nernst Schoenflies*, Mathematische Behandlung der Naturwissenschaften).

Spiegazioni della Tavola 22, vedi pag. 157.

Calcolo di compensazione.

Metodo dei minimi quadrati.

Data una serie di coppie di valori che rappresentano in forma di tabella la dipendenza di una grandezza (y) da un'altra (x), p. es. le densità delle soluzioni in funzione della loro concentrazione, si deve formare la relazione generale $y = f(x)$. Il problema deve essere risolto in modo che i valori di y calcolati da quelli x corrispondenti per mezzo dell'equazione stabilta si avvicinano ai valori effettivamente trovati, oppure che nella rappresentazione grafica la curva dei valori calcolati sia il più vicino possibile a quella dei valori trovati. Per questo serve il calcolo di compensazione. Si ha un massimo di coincidenza fra i valori calcolati e quelli trovati sperimentalmente, quando la somma dei quadrati delle differenze tra i valori corrispondenti delle due serie (calcolati e misurati) è minima. L'equazione da stabilire deve dunque soddisfare questa condizione:

Le leggi che hanno importanza per il chimico sono il più sovente di natura così semplice che le loro equazioni sono al massimo di secondo grado, vale a dire della forma generale

$$y = a + b\,x + c\,x^2.$$

Qui x y significano le grandezze dipendenti l'una dall'altra, e determinabili sperimentalmente mentre che a, b, c, sono delle costanti che devono essere determinate nel calcolo di compensazione.

Sieno n misure che hanno fornito i valori di y_1 sino a y_n, di una delle grandezze ed i corrispondenti valori x_1 a x_n dell'altra grandezza. Si ha allora:

$$\begin{aligned} y_1 &= a + b\,x_1 + c\,x_1^2 \\ y_2 &= a + b\,x_2 + c\,x_2^2 \\ \cdot \quad & \quad \cdot \qquad \cdot \qquad \cdot \\ y_n &= a + b\,x_n + c\,x_n^2 \end{aligned}$$

A sinistra si trovano i valori misurati, ed alla destra si trovano i valori di y determinabili dall'equazione stabilita (avendo preso per base i valori di x); le espressioni $y_1 - a - b\,x_1 - c\,x_1^2$ sino a $y_n - a - b\,x_n - c\,x_n^2$ sono le dif-

Spiegazioni della Tavola 23, vedi pag. 158.

ferenze fra i valori di y misurati e quelli calcolati; la somma dei loro quadrati deve essere minima

$$\Sigma (y - a - b x - c x^2)^2 = \text{Minimo}.$$

Questo si verifica quando i differenziali parziali della somma dei quadrati rispetto ad a, b e c sono nulli, condizioni che si esprime con le equazioni:

$$\frac{\partial \Sigma (y - a - b x - c x^2)^2}{\partial a} = -2 \Sigma (y - a - b x - c x^2) = 0$$

$$\frac{\partial \Sigma (y - a - b x - c x^2)^2}{\partial b} = -2 \Sigma [x \cdot (y - a - b x - c x^2)] = 0$$

$$\frac{\partial \Sigma (y - a - b x - c x^2)^2}{\partial c} = -2 \Sigma [x^2 \cdot (y - a - b x - c x^2)] = 0$$

Per n osservazioni ($\Sigma a = n a$) si ottiene per semplice trasformazione e divisione per -2 le equazioni seguenti:

$$\Sigma y = n a + b \cdot \Sigma x + c \cdot \Sigma x^2 \qquad \text{(I)}$$

$$\Sigma x y = a \cdot \Sigma x + b \cdot \Sigma x^2 + c \cdot \Sigma x^3 \qquad \text{(II)}$$

$$\Sigma x^2 y = a \cdot \Sigma x^2 + b \cdot \Sigma x^3 + c \cdot \Sigma x^4 \qquad \text{(III)}$$

Dalle quali per mezzo dei valori osservati di x ed y si calcolano i valori delle costanti a, b, c (vedi esempio nelle spiegazioni a pag. 135).

Se la relazione fra le grandezze x e y è lineare (di I° grado)

$$y = a + b x$$

allora deve essere soddisfatta la condizione

$$\Sigma (y - a - b x)^2 = \text{Minimo}$$

e differenziando parzialmente e risolvendo rispetto ad a + b si arriva all'equazioni:

$$a = \frac{\Sigma x \cdot \Sigma x y - \Sigma x^2 \cdot \Sigma y}{(\Sigma x)^2 - n \cdot \Sigma x^2} \quad \text{e} \quad b = \frac{\Sigma x \cdot \Sigma y - n \; \Sigma x y}{(\Sigma x)^2 - n \cdot \Sigma x^2}.$$

In questo caso il calcolo deve essere eseguito con un numero di decimali abbastanza elevato, poichè i due membri sono soventi uguali sino a parecchie cifre decimali.

In molti casi si semplifica sensibilmente il calcolo sciegliendo per x dei valori intieri (vedi l'esempio a pag. 158).

Spiegazioni della Tavola 23, vedi pag. 158.

A. Metodo delle divisioni rapide.

Molti calcoli possono essere sensibilmente semplificati per l'applicazione del ragionamento elementare, che il valore di un quoziente rimane invariato quando tanto il numeratore come il denominatore vengono aumentati o diminuiti nello stesso rapporto. Si procede con vantaggio nel modo di potere calcolare il risultato mentalmente, arrotondando opportunamente o il numeratore o il denominatore e variando nel medesimo rapporto l'altro componente del quoziente. Alcuni esempi spiegheranno il metodo.

1. Un picnometro contiene 99,93 g d'acqua o 130,74 g di una soluzione, della quale si deve misurare la densità (d). Il metodo si applica come segue:

$$d = \frac{130{,}74}{99{,}93} = \frac{130{,}74 + x}{99{,}93 + 0{,}07} = \frac{130{,}74 + 0{,}07 \cdot \frac{1{,}3}{1{,}0}}{100{,}00}$$

$$= \frac{130{,}74 + 0{,}09}{100{,}00} = 1{,}3083.$$

Siano pesati in un altro caso:

100,17 g d'acqua e 97,34 g di soluzione.

$$d = \frac{93{,}34}{100{,}17} = \frac{97{,}34 - x}{100{,}17 - 0{,}17} = \frac{97{,}34 - 0{,}17 \cdot 0{,}97}{100{,}00}$$

$$= \frac{97{,}34 - 0{,}165}{100{,}00} = 0{,}9717.$$

2.*) Sia un prodotto da analizzare, p. es. Sale di ammoniaca, che al 100% impiega 34,25 cm³ di una soluzione di argento. Se la stessa quantità (arbitraria) del prodotto necessita soltanto 33,75 cm³ della medesima soluzione di argento, avremo nella sostanza un tenore di cloruro d'ammonio in %:

$$p = \frac{33{,}75}{34{,}25} \cdot 100{,}0 = \frac{34{,}25 - 0{,}50}{34{,}25} \cdot 100{,}0.$$

$$= \left(1 - \frac{0{,}50}{34{,}25}\right) \cdot 100{,}0 = 100{,}0 - \left(3 \times 0{,}50\right) = 98{,}5\ \%.$$

---

*) Questo metodo è descritto con dettaglio da *G. Bruhns*, Chem.-Ztg. 47, 725 (1923).

Spiegazioni della Tavola 24, vedi pag. 159.

B. Regola delle mescolanze.

Per la determinazione dei rapporti delle miscele nelle quali si devono mescolare due soluzioni della medesima sostanza di concentrazione data (caso *a*) od anche una soluzione con solvente puro (caso *b*) per ottenere una soluzione di concentrazione voluta, si può utilizzare il semplice schema seguente:

Sia: *a*) due soluzioni del tenore del 96 % e del 75 %; si desidera di ottenere una soluzione all'80 %;

b) una soluzione al 96 % ed un solvente puro (0 %), si desidera di ottenere una soluzione al 40 %.

a) 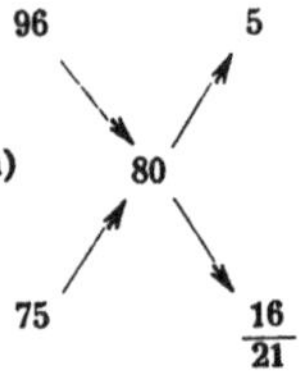

b) 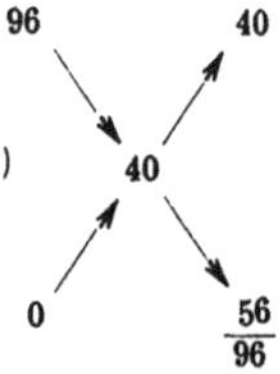

Si deve mescolare:

a) 5 parti di soluzione al 96 % con 16 parti di soluzione al 75 %;

b) 40 parti di soluzione al 96 % e 56 parti di solvente puro.

« Parti » significano qui parti in peso (massa), se il tenore delle soluzioni è dato in percento peso mentre che si riferiscano a parti in volume quando è dato in percento volume.

Questo metodo non necessita di spiegazione alcuna. Esso è impiegato per la preparazione delle soluzioni di densità determinate.

C. Soluzione di equazioni di 2° grado.

$$x^2 + a\,x + b = 0;\quad x = -\frac{1}{2}\,a \pm \sqrt{\left(\frac{a}{2}\right)^2 - b}.$$

D. Soluzione di equazioni cubiche.

$$x^3 + a\,x^2 + b\,x + c = 0.$$

Si mette $p = b - \frac{1}{3}\,a^2$ e $q = 2\left(\frac{a}{3}\right)^3 - \frac{1}{3}\,a\,b + c,$

Spiegazioni della Tavola 24, vedi pag. 159.

e allora

$$y=\sqrt[3]{-\frac{q}{2}\pm\sqrt{\left(\frac{p}{3}\right)^3+\left(\frac{q}{2}\right)^2}}+\sqrt[3]{-\frac{q}{2}\pm\sqrt{\left(\frac{p}{3}\right)^3+\left(\frac{q}{2}\right)^2}},$$

dunque

$$x=y-\frac{1}{3}a.$$

Essendo $\left(\frac{p}{3}\right)^3+\left(\frac{q}{2}\right)^2$ negativa, $\sqrt{\left(\frac{p}{3}\right)^3+\left(\frac{q}{2}\right)^2}$ dunque immaginaria, si mette

$$\operatorname{sen} 3\varepsilon = 4\,q : \left(-\frac{4}{3}\,p\right)^{3/2}$$

e

$$r=\left(-\frac{4}{3}\,p\right)^{1/2};$$

allora diviene

$$y_1 = r \operatorname{sen}\varepsilon;\quad y_2 = r\operatorname{sen}(60^0-\varepsilon);\quad y_3 = -r\operatorname{sen}(60^0+\varepsilon).$$

E. Valori frequentemente usati.

$\pi = 3{,}14159265$ $\quad\pi^2 = 9{,}8696023$ $\quad\sqrt{\pi} = 1{,}7724539$

$\log\pi = 0{,}4971499$ $\quad\log\pi^2 = 0{,}9942997$ $\quad\log_{10}\sqrt{\pi} = 0{,}2485740$

Base del sistema dei log.: naturali $e = 2{,}7182818\ldots$; $\log_{10} e = 0{,}4342945$.

$$\log\text{nat}\,x = \frac{\log_{10} x}{\log_{10} e} = 2{,}3025851\cdot\log_{10} x;\qquad \log_{10} 2{,}3025851 = 0{,}3622157.$$

La trasformazione in arco d'un angolo espresso in gradi è eseguita moltiplicando con $2\,\pi/360 = 0{,}017453$; $\log 0{,}017453 = 24188$.

Spiegazioni della Tavola 24, vedi pag. 159.

Unità e Costanti frequentemente usate.

Unità.

Unità di forza: 1 dina = $1{,}01972 \cdot 10^{-3}$ grammo peso.
Unità di lavoro: 1 erg = $1{,}01972 \cdot 10^{-3}$ cm grammo peso = $1{,}019762 \cdot 10^{-8}$ kgm = $0{,}99950 \cdot 10^{-7}$ Wattsecondo (= Joule) = $2{,}3887 \cdot 10^{-8}$ cal (15°).
Unità di potenza: 1 erg/sec = $0{,}9995 \cdot 10^{-7}$ Watt = $1{,}360 \; 10^{-10}$ cav. forza.

1 Coulomb	= $3 \cdot 10^{9}$	Un. El. Stat.	= 10^{-1}	unità elettromagnetica
1 Volt	= $\approx {}^{1}/_{3} \cdot 10^{-2}$	» » »	= $1{,}0005 \cdot 10^{8}$	» »
1 Ampère	= $3 \cdot 10^{9}$	» » »	= 10^{-1}	» »
1 Ohm	= $\approx {}^{1}/_{9} \cdot 10^{-11}$	» » »	= $1{,}0005 \cdot 10^{9}$	» »

Costanti.

Costante di gravitazione generale G = $0{,}67 \cdot 10^{-8}$ cm^{3} gr^{-1} sec^{-2}.
Gravitazione normale (livello del mare, latitudine 45°) g = 980,665 dina. Dimin. di 0,000 3086 dina per ogni metro di elevazione lg 980,665 = 991 5207.
Velocità della luce nel vuoto: c = $2{,}998 \cdot 10^{-10}$ cm sec^{-1} (lg = 47 683).
1 amosfera = 760 mm Hg = $1{,}0333 \; 10^{3}$ grammopeso per cm^{-2} = $1{,}0133 \cdot 10^{6}$ dina cm^{-2}.
1 litro atmosfera = $1{,}0133 \cdot 10^{9}$ dina cm = $1{,}0128 \cdot 10^{2}$ Joule = 24,205 cal (15°).
Equivalente meccanico del calore: 1 cal (15°) = $4{,}186 \cdot 10^{7}$ erg = 4,184 Wattsec. (= Joule = 0,4269 kgm).
Calore latente del ghiaccio (a 0°) = 79,6 cal/1 g.
Calore latente di vaporizzazione dell'acqua (a 100°) = 539 cal/1 g.
Costante generale dei gas:

R = $8{,}313 \; 10^{7}$ erg/C° = 0,8477 kgm/C° = 0,08204 litro atm./C°
lg R = 91976 — 92824 — 91403
= 1,986 cal/C° = 8,309 Joule/C°.
29798 — 91955

Costanti elettrochimiche:

$$R/F = \frac{8{,}309 \text{ Voltcoulombs}}{96500 \text{ Coulombs. C°}} = 8{,}610 \cdot 10^{-5} \text{ Volt/C°; lg } 8{,}610 =$$

$R \cdot \ln x = 4{,}573 \cdot \lg x$ (cal/C°); lg 4,573 = 66 020.
$R/F \cdot \ln x = 1{,}983 \cdot 10^{-4} \cdot \lg x$ (Volt/C°); lg 1,983 = 29 724.

$$F = 96\,500 \text{ Coulombs} = \frac{96\,500}{4{,}184} \text{ cal/Volt} = 23\,064 \text{ cal/Vol; lg } 23064 =$$

Numero delle molecole in 1 cm^{3} di gas ideale e alle condizioni normali:

L = $2{,}71 \cdot 10^{19}$ (numero di Loschmidt).

Numero delle molecole di un Mol di un gas:
N. = $6{,}07 \cdot 10^{23}$ (numero di Avogadro; Costante generale di Loschmidt).
Volume di 1 Mol di un gas ideale a 0° C (= 273,20° assoluto) e 76 cm. Hg al 45° di latitudine = 22414 cm^{3}; lg 22414 = 35 052.
Massa di un atomo di idrogeno = $1{,}662 \cdot 10^{-24}$ g.
Carica degli elettroni: $e = 4{,}774 \cdot 10^{-10}$ unità elettrostatica = $1{,}59 \cdot 10^{-20}$ unità elettromagnetica.
Rapporto $\frac{\text{carica}}{\text{massa}}$ dell'elettrone $\frac{e}{m} = 5{,}295 \cdot 10^{17}$ unità elettrostatica = $1{,}766 \cdot 10^{7}$ unità elettromagnetica.
Massa latente (potenziale) dell'elettrone: $m^{0} = 9{,}014 \cdot 10^{-28}$ g.
« Quanta » di energia (Plank) h = 6,55 ± 0,01) $\cdot 10^{-27}$ erg sec.
Costante di entropia (Boltzmann) $k = \frac{R}{N} = 1{,}379 \cdot 10^{-16}$ erg/C°

Spiegazioni della Tavola 25, vedi pag. 159.

Spiegazioni delle Tavole precedenti

TAVOLA 1.

Pesi atomici degli Elementi coi rispettivi logaritmi

La tavola contiene i pesi atomici degli Elementi conosciuti con una sufficiente certezza.

Come si può osservare questi pesi atomici sono dati talvolta con più cifre decimali; il numero di queste cifre non è arbitrario, ma corrisponde all'esattezza con la quale sono stati determinati i pesi atomici, questi sono stati perciò espressi con il numero di cifre decimali necessarie affinchè la penultima sia esatta e solo l'ultima approssimata.

Non è dunque indifferente se noi scriviamo per es. il peso atomico del fluoro 19,0 oppure 19,00, o 19,000. È solamente il numero 19,00 che corrisponde all'attuale attendibilità della nostra scienza.

TAVOLA 2.

Pesi e logaritmi di atomi, gruppi atomici, molecole ed equivalenti, frequentemente usati (con i multipli inferiori).

Per l'esecuzione dei calcoli chimici possono essere usati con vantaggio, nei casi più frequenti, i logaritmi; la piccola tavola con cinque cifre decimali, che è stampata più avanti, sarà quasi sempre sufficiente.

Di solito già può bastare la tavola a quattro cifre. Prescindendo dalla forte perdita di tempo, il calcolo senza i logaritmi, va soggetto facilmente ad errori numerici particolarmente quando siano da moltiplicare o dividere numeri di 4 o 5 cifre.

Si trova sovente p. es. che il peso atomico del Cloro è messo: 35,5 in luogo di 35,37 (valore antecedente). Ma questo stesso chimico che commette quest'errore di 0,37 % rifiuterebbe con risentimento non simulato, quando lo si avvertisse di non pesare con una accuratezza tanto scrupolosa i decimi di milligrammo di cloruro di argento nella determinazione del Cloro; eppure queste grandezze determinate con tanta meticolosità corrispondono solamente a uno od al massimo a più centesimi di percentuale della cifra in questione.

Molto spesso si trova ancora che si adoperano in uno stesso calcolo cifre arrotondate unitamente a cifre le più esatte possibili. Così si usa per la determinazione della composizione teorica di un composto organico per il rapporto H : O il valore 1 : 16; ma il tenore d'idrogeno dell'acqua, ottenuto dalla combustione è preso senza rimorso da una tavola che p. es. è stata allora calcolata in base al rapporto H : O = 1,01 : 16.

Quando, senza tener conto di tali errori, che sono indubbiamente nella maggior parte dei casi involontari, si calcolano le analisi con due cifre decimali, o meglio come certi virtuosi del calcolo giungono a fare, abusando della pazienza della carta, con tre cifre decimali, ciò si chiama divertirsi con le cifre e somministrare a sè stessi ed agli altri delle idee interamente false sulla attendibilità dei risultati ottenuti.

Tali manchevolezze saranno rese interamente impossibili servendosi per i calcoli delle tavole precedenti.

La tendenza, p. es. di fare degli arrotondamenti non opportuni è in tal caso impedita e talora completamente esclusa perchè il logaritmo di un numero di 6 cifre è copiato altrettanto presto quanto quello di due.

Per la formazione dei pesi molecolari bisogna fare attenzione anche qui, ai decimali che si devono ammettere.

Per il clorato di Argento, p. es. noi possiamo calcolare senz'altro il peso molecolare per addizione dei pesi atomici.

$$\begin{aligned} Ag &= 107{,}880 \\ Cl &= 35{,}457 \\ O_3 &= 48{,}000 \\ \hline AgClO_3 &= 191{,}337 \end{aligned}$$

Noi siamo qui autorizzati di porre tre cifre decimali perchè i pesi atomici di tutti gli elementi incontrati sono conosciuti con una esattezza corrispondente a questo numero di cifre.

Ma se noi vogliamo per es. calcolare per il cloruro di bario

$$\begin{aligned} Ba &= 137{,}36 \\ Cl_2 &= 70{,}914 \\ 2\,H_2O &= 36{,}0312 \\ \hline BaCl_2 \,.\, 2\,H_2O &= 244{,}3052 \end{aligned}$$

ciò sarà completamente falso poichè l'incertezza della seconda decimale di 137,36 per Ba si trasporta egualmente nella seconda decimale della somma, noi dobbiamo dunque mettere

$$BaCl_2 \cdot 2\,H_2O = 244{,}31\,;$$

perchè il peso molecolare deve solamente essere impiegato con altrettanti decimali quante ne contiene il peso atomico meno esattamente conosciuto.

Per l'ordinamento degli atomi che costituiscono le molecole ed i gruppi atomici si è seguita nella tavola la regola adottata per gli elettroliti e cioè in primo luogo la parte elettropositiva, così per esempio $K_2 \mid SO_4$; $H_2 \mid SO_4$; $K \mid OH$. Per gli ioni si sono messi per primi gli atomi che formano lo scheletro del gruppo p. es. SO_4 ; $PtCl_6$; $Fe(CN)_6$; NH_4 ecc. I sali doppi sono stati ordinati fra gli ioni positivi mettendo al primo posto il loro ione più fortemente positivo.

I valori della Tavola 2 possono essere impiegati con vantaggio – se non si voglia fare uso della Tavola 5 – per il calcolo del rendimento nei lavori di preparazione (sintetici). Questo modo di calcolo è davvero molto semplice, l'esperienza insegna però, che una dimostrazione per la forma più opportuna del calcolo non è superflua.

Sia A il peso della sostanza iniziale che è adoperata in quantità insufficiente, M_A suo peso molecolare, R il peso trovato del prodotto di reazione e R_t il peso teorico della stessa sostanza; quest'ultimo si calcola dalla equazione di reazione che dà per x M_A come quantità equivalente y M_R (M_R = peso molecolare del prodotto di reazione), col risultato:

$$R_t = \frac{A \cdot y\, M_R}{x\, M_A}$$

Perciò il rendimento in percento è:

$$X = \frac{R}{R_t} . 100 = \frac{R \cdot x\, M_A}{A \cdot y\, M_R} \cdot 100\,\%$$

Si ottiene per es. alla trasformazione di 50 g di perossido di manganese in pirofosfato di manganese ($Mn_2\,P_2\,O_7$) una quantità di 75 g di $Mn_2\,P_2\,O_7$ poichè 1 $Mn_2P_2O_7$ si forma da 2 $Mn\,O_2$, di modo che x = 2, y = 1, il rendimento sarà:

$$X = \frac{75 \cdot 100}{R_t} = \frac{75 \cdot 2 \cdot 86{,}93}{50 \cdot 1 \cdot 283{,}90} \cdot 100 = 92\,\%.$$

(Il lg X = lg R + lg x + lg M_A — lg A — lg y — lg M_R +2; vedi anche le spiegazioni alla tavola 5. Il «fattore» F che vi si trova corrisponde al rapporto delle equivalenze $\frac{y\, M_R}{x\, M_A}$ qui sopra indicato).

TAVOLA 3.

Multipli superiori di alcuni pesi atomici e molecolari con logaritmi corrispondenti.

Questa tavola sarà principalmente impiegata per il calcolo della composizione delle sostanze organiche e dei minerali. Per la formazione dei multipli superiori dei pesi atomici si deve tener conto del numero di decimali ammissibili.

Per esempio: H = 1,0078. Non si deve mettere senz'altro $H_{11} = 11 \times 1{,}0078 = 11{,}0858$, ma arrotondare a 11,086, perchè l'incertezza della quarta cifra decimale è riportata nella terza, moltiplicando con 11. È però ammesso qui, che l' « incertezza » corrisponda sempre a *una* unità dell'ultima decimale, e questo importo è evidentemente l'« incertezza minima »; ma non sarebbe utile di fare una distinzione ancora più dettagliata.

TAVOLA 4.

A. Equivalenti volumetrici con logaritmi.

La testata della tavola contiene la spiegazione seguente: Quando la soluzione titolata è misurata in centimetri cubici, la quantità di sostanza trovata corrisponde a milligrammi, e quando la soluzione è espressa in litri, la sostanza sarà espressa in grammi.

Il risultato è naturalmente identico nei due casi; l'esempio seguente lo dimostra:

Una soluzione di acido cloridrico necessita 15,0 cc di soda caustica n/10. Il primo modo di calcolo ci darà: 3,6465 mg · 15,0 = 54,698 mg HCl; il secondo invece: 3,6465 g · 0,0150 = 0,054698 g HCl, cioè altrettanto.

Spesso, e specialmente nei laboratori industriali, si titola con soluzioni non normali ma rapportate a una certa sostanza. La trasformazione di tali tenori empirici alla normalità è semplificata coll'aiuto della tavola 4.

Si ottiene la normalità di una « soluzione titolata » dalla titolazione di una quantità arbitraria di « sostanza iniziale » (per es. ossalato di Sörensen) nel modo seguente:

Siano s grammi di sostanza iniziale del peso equivalente a, che necessitano v cc di soluzione titolata. La sostanza impiegata essendo del valore di s/a val = 1000 s/a val mg, corrisponde a 1000 s/a cc di una soluzione titolata esattamente n/1 o a 10000 s/a cc esattamente n/10. Se la quantità impiegata della soluzione fosse più grande, allora la soluzione titolata sarebbe più diluita di $\frac{n}{1}$ risp. di $\frac{n}{10}$

Il suo titolo è dunque $\frac{1000\,s}{a \cdot v} \times 1{,}0$ n oppure $\frac{10000\,s}{a \cdot v} \times 0{,}1$ n. Il valore di $\frac{1000\,s}{a \cdot v}$ o $\frac{10000\,s}{a \cdot v}$ è chiamato «fattore» della soluzione ed è indicato appositamente con il suo logaritmo sulla bottiglia della soluzione titolata. Si trova il valore di a nella tavola 2 o $\frac{a}{10}$ nella tavola 4.

B. Correzioni per la spinta d'aria nelle pesate rigorose.

Per le analisi ordinarie la riduzione delle pesate nel vuoto, descritta nelle spiegazioni delle tavole 12 e 12 *a* non merita considerazione.

Tali correzioni si trovano nei limiti degli errori, anche perchè le densità delle sostanze da pesare non differiscono molto l'una dall'altra.

Invece l'esattezza di alcuni metodi volumetrici è purtroppo così importante che sarebbe raccomandabile l'eliminazione della spinta d'aria; per questi lavori di precisione si impone naturalmente una esattezza rigorosa agli istrumenti. Per questo scopo servirà la tavola 4 *b*, e col suo aiuto si può facilmente determinare la quantità di una sostanza da pesare nell'aria per avere la quantità corrispondente nel vuoto.

La tavola contiene una scelta di sostanze importanti nella volumetria e vi sono inclusi anche altri prodotti che non hanno valore decisivo per la volumetria ma che servono a spiegare l'importanza e la dipendenza dalla densità di queste correzioni. Le correzioni sono calcolate per uso dei pesi di ottone (d = 8,4) e dei pesi di platino-iridio (d = 21,5) ma non valgono per pesi di quarzo (d = 2,65).

Tutte le correzioni si basano sulla densità dell'aria di 0,00120; per la loro formazione vedi le spiegazioni alla tavola 12 e 12 *a*.

TAVOLA 5.

"Fattori" analitici e stechiometrici con logaritmi.

Per il calcolo delle analisi si usa ancora frequentemente di cercare nella collezione delle tavole esistenti, di solito molto voluminose (p. es. quelle di Kohlmann e Frerichs) il contenuto di sostanza da determinare nel precipitato pesato, e da questo si risale alla percentuale cercata.

In un modo più rapido ed elegante si consegue lo stesso scopo con il calcolo logaritmico [1], adoperando i « Fattori » dati nella Tavola 6. Il « Fattore » F è il numero per il quale si deve moltiplicare il peso N di un precipitato ottenuto per avere il peso B, di uno dei suoi costituenti (od anche di una sostanza che è con esso in una certa relazione).

Il « Fattore » è dunque il rapporto equivalente fra il composto trovato e quello cercato N . F = B.

Sia S la quantità di sostanza pesata per l'analisi e P il tenore in percento di B in S. Allora si ottiene

$$P = 100 \cdot \frac{B}{S} = 100 \cdot \frac{N \, . \, F}{S}$$

così

$$\lg P = \lg N + \lg F - \lg S$$

La cifra 2, che dovrebbe essere aggiunta ancora, essendo il lg di 100, è semplicemente tralasciata come d'altra parte tutte le caratteristiche; noi possiamo farlo perchè non dobbiamo mai essere nel dubbio se il risultato finale debba essere p. es. 0,71... oppure 7,1... oppure 71.

Il lg S non è sottratto dalla somma lg N + lg F ma al contrario noi addizioniamo al lg N + lg F il cologaritmo del log S, che si scrive dopo qualche esercizio tanto rapidamente quanto il logaritmo stesso.

Così finalmente:

$$\lg P = \lg N + \lg F + (1 - \lg S)$$

Tutti i calcoli percentuali si riducono per conseguenza, alla copiatura dei tre logaritmi, alla formazione della somma ed alla ricerca del numero.

L'esempio seguente contiene tutti i dati ed i calcoli necessari per l'analisi di una sostanza organica complessa,

---

[1] A proposito del Capitolo « Calcolo » confronta Ostwald-Luther, misure fisico chimiche pag. 1-28.

essa deve mostrare al principiante come si eseguisce il calcolo senza molto scribacchiare e colla massima economia di tempo.

0,2314 g sostanza danno 0,4063 g CO_2 e 0,0806 g H_2O
0,1921 g » » 0,0497 g AgCl (determ. del Cl)
0,2131 g » » 0,0554 g AgCl (» » Ag)
0,3251 g » » 21,6 ccm N_2; p = 747 mm; t = 12°.

	C	H	Cl	Ag	N	O
lg **N** =	60885	90634	69636	74351	33445	
lg **F** =	43573	04875	39334	87658	07146	
1 — lg **S** =	63564	63564	71647	67142	48798	
lg **P** =	68022	59073	80617	29151	89389	15836 [1]
lg del peso atom. =	07918	00337	54970	03294	14638	20412
Differ. =	60104	58736	25647	25857	74751	95424
la più picc. Differ. =	25647	25647	25647	25647	25647	25647
Differ. =	34457	33089	00000	00210	49104	69777
Rapp. del p. atom. =	22,1 :	21,4 ;	1,0	1,0	3,1	5,0

Formola la più probabile $C_{22}H_{21}ClAgN_3O_5$

C_{22} =	264,00 =	47,95%;	trovato è:	47,9	85,6%
H_{21} =	21,164 =	3,84 »	» »	3,9	
Cl =	35,457 =	6,44 »	» »	6,4	
Ag =	107,880 =	19,60 »	» »	19,6	
N_3 =	42,024 =	7,63 »	» »	7,8	
O_5 =	80,000 =	14,54 »	(dalla differ.)	14,4	
M =	550,53 =	100,00%			

	C_{22}	H_{21}	Cl	Ag	N_3	O_5
lg somma atomica =	42160	32560	54970	03294	62350	90309
1 — lg **M** =	25924	25924	25924	25924	25924	25924
lg **P** =	68084	58484	80894	29218	88274	16233

L'interpretazione della colonna delle cifre precedenti è la seguente: Nelle prime quattro linee si trovano indicati i dati sperimentali forniti delle analisi.

---

[1] $P_C + P_H + P_{Cl} + P_{Ag} + P_N$ è 47,9 + 3,9 + 6,4 + 19,6 + 7,8 = 85,6, dunque P_O = 14,4 come complemento a 100, per conseguenza log P_O = 15836.

I pesi **N** trovati in Anidride carbonica, acqua, Cloruro di Argento ecc. ci devono fornire il tenore percentuale **P** della sostanza analizzata in Carbonio, Idrogeno, Cloro ecc. che è ottenuto nella maniera quì sopra esposta, moltiplicando i fattori corrispondenti **F** e dividendo colla quantità della sostanza impiegata. Le tre linee seguenti contengono i logaritmi necessari per questi calcoli aggiustati in modo che non occorre spiegare; le loro somme formano i logaritmi dei percento **P** trovati nell'analisi.

Se pertanto noi possiamo dedurre dall'origine o da altra caratteristica una formola per il composto analizzato, allora basta cercare i numeri dei log P e confrontarli nel modo sottoindicato con quelli chiesti teoricamente.

Se al contrario non sappiamo nulla di certo sulla costituzione della sostanza analizzata i percento trovati non hanno ancora per noi alcun valore, ma possono essere impiegati per la formazione di una formola empirica per la sostanza analizzata e per questa ragione il calcolo sarà effettuato nel modo indicato più in alto.

La composizione quantitativa di un composto dipende dal numero e dal peso degli atomi che si trovano nella sua molecola, i percento devono dunque essere i prodotti dei pesi atomici conosciuti e degli indici di atomi non conosciuti da determinare, moltiplicati con un fattore costante egualmente non conosciuto; così p. es. $P_C = 12{,}000 \cdot x \cdot k$; $P_H = 1{,}0078 \cdot y \cdot k$; $P_{Cl} = 35{,}457 \cdot z \cdot k$; ecc. [1])

Per cercare i prodotti $x \cdot k$; $y \cdot k$; $z \cdot k$ noi dobbiamo dapprima dividere i percento per i pesi atomici conosciuti ove i logaritmi sono scritti a questo scopo sotto i logaritmi P dai quali per sottrazione risultano i prodotti x k; y k; z k. Questi prodotti sono qui l'uno dopo l'altro.

3,99; 3,87; 0,18; 0,56; 0,90; —

serie di cifre pochissimo chiara colla quale non possiamo fare nulla.

La mancanza di chiarezza di questi numeri proviene dal fatto che essi contengono ancora il fattore comune k che sarà una frazione propria in generale oppure una frazione impropria.

---

[1] P_C; P_H; P_{Cl} ecc. significano i percento di Carbonio, Idrogeno, Cloro ecc.

Ma possiamo trasformare questo fattore nella cifra uno rispettivamente in un'altra cifra intiera generalmente più piccola, dividendo tutti i prodotti per il prodotto più piccolo. Dunque non cercheremo questi prodotti in questione ma sottrarremo direttamente da tutti i logaritmi il logaritmo più piccolo di quelli, come si è fatto più in alto.[1] Per conseguenza il prodotto si trasforma in

22,1 ; 21,4 ; 1,0 ; 1,0 ; 3,1 ; 5,0,

e noi non ci sbaglieremo di molto nella supposizione che il fattore k è divenuto = uno in questa serie; possiamo dunque scrivere come formula la più probabile per il composto analizzato

$$C_{22}H_{21}ClAgN_3O_5.$$

Per controllare la formula sulla sua attendibilità, noi calcoliamo ancora la costituzione percentuale che un composto deve avere teoricamente per paragonare allora i numeri calcolati coi numeri realmente trovati.

Il modo di raggiungere questo scopo, il più presto possibile, economizzando il tempo e la carta si vede coll'esempio qui sopra citato; sopratutto bisogna tener conto dell'aggiustamento dei logaritmi necessari.

Poichè le deviazioni delle percentuali trovate non superano in alcun modo le deviazioni ammissibili per l'esperienza, la composizione della formola più sopra riportata è giustificata. Tutto il calcolo del materiale sperimentato, così voluminoso non esigeva alcuna moltiplicazione o divisione; senza l'aiuto dei logaritmi e delle tavole noi avremmo dovuto decuplicare il tempo per il calcolo.

Si pone pertanto la questione fino dove i dati sperimentali devono essere calcolati, e quanti decimali sono ammessi a seconda dei dati percentuali.

Più in alto si è posto il principio che il numero delle cifre debba sempre corrispondere all'esattezza del risultato ottenuto e che la penultima cifra sia ancora attendibile mentre l'ultima non lo è più.[2]

---

1 (Tenendo naturalmente conto della caratteristica).

2 Vedi per questa ragione Ostwald-Luther - Misure Chimico Fisiche pag. 18 e seguenti.

Ora è un fatto di esperienza che la prima cifra decimale delle percentuali ottenute cambia di qualche unità a seconda della ripetuta esecuzione di un'analisi fatta da un analista di normale capacità e che impiega dei metodi non privi di errori di grandezza media.

Questa prima decimale è perciò di già incerta e per conseguenza è la sola che deve essere tenuta in considerazione per l'esecuzione delle analisi fatte una sol volta. Una seconda decimale non è totalmente senza valore ma è ancora definitivamente da trascurare perchè suscita delle idee false sull'attendibilità dei risultati analitici.[1]

Spesso i numeri ed i logaritmi dei «fattori» non si accordano perchè i primi sono sovente arrotondati; ma la parte importante è sempre il logaritmo che serve generalmente per il calcolo esatto, mentre che il numero è piuttosto usato per determinazioni superficiali.

TAVOLA 6

Calcolo di Analisi "indirette"

Per l'analisi «indiretta» la composizione quantitativa di una mescolanza di prodotti è determinata senza separazione e pesata parziale dei componenti.

Si procede all'uopo a delle trasformazioni ragionevolmente scelte di tutta la mescolanza conosciuta qualitativamente e si determina allora la composizione quantitativa delle variazioni delle masse osservate.

Sia, per esempio, una mescolanza che si compone di prodotti con i pesi molecolari M_x; M_y; M_z; la quantità pesata g deve essere costituita di x grammi della prima combinazione, y grammi della seconda, z grammi della terza.... Questo ci dà la prima equazione

$$x + y + z \ldots = g \qquad (1)$$

Ora procediamo ad una trasformazione di questa quantità pesata g, in seguito alla quale il primo composto si trasforma in un composto col peso molecolare $M_{x'}$, il secondo con $M_{y'}$, il terzo con $M_{z'}$ (non è necessario

---

1 Vedi anche le spiegazioni pag. 1.

che tutti i pesi molecolari cambino, ma, p. es. M_x può essere $= M_{x'}$).

Se g' è il peso totale del prodotto di trasformazione, abbiamo la seguente relazione.

$$x \frac{M_{x'}}{M_x} + y \frac{M_{y'}}{M_y} + z \frac{M_{z'}}{M_z} \cdots\cdots = g' \quad (2)$$

Per la formazione di queste equazioni si deve naturalmente tener conto dell'equivalente delle molecole.

Un terzo processo analogo ci fornisce l'equazione:

$$x \frac{M_{x''}}{M_x} + y \frac{M_{y''}}{M_y} + z \frac{M_{z''}}{M_z} \cdots\cdots = g'' \quad (3)$$

Noi abbiamo bisogno per la determinazione dell'analisi tante equazioni indipendenti, le une dalle altre, quante sono le incognite, cioè tante quanti sono i differenti componenti della miscela.

Le spiegazioni precedenti saranno illustrate cogli esempi seguenti:

PROBLEMA: Si ha da determinare per via indiretta la composizione quantitativa di una mescolanza che si è costituita di KlC e KBr.

SOLUZIONE 1: Trasformazione della mescolanza in Solfato di Potassio. Sia g la quantità pesata della mescolanza dei prodotti il quale sarà costituito da x grammi Cloruro di potassio e y grammi di Bromuro di potassio, il solfato risultante pesi g' grammi. Mettiamo per M_{KCl} = KCl; M_{KBr} = KBr ecc. noi otteniamo le due equazioni

$$x + y = g \quad (1)$$

$$x \frac{K_2SO_4}{2\,KCl} + y \frac{K_2SO_4}{2\,KBr} = g' \quad (2)$$

per (2) noi scriviamo

$$x + y \frac{KCl}{KBr} = g' \frac{2\,KCl}{K_2SO_4} \quad (3)$$

Coll'aiuto della tavola 2 possiamo calcolare agevolmente il valore dei fattori relativi a y e g' in (3)

	lg 2 = 30103
lg KCl = 87251	lg KCl = 87251
1 — lg KBr = 92438	1 — lg K_2SO_4 = 75878
79689	93232
Numero 0,62646	Numero 0,85570

Questi valori introdotti nell'equazione (3)

$$x + 0{,}62646\ y = 0{,}85570\ g' \qquad (4)$$

la quale equazione sottratta di (1) dà

$$y = \frac{g - 0{,}85570\ g'}{0{,}37354}$$

Esprimendo l'y (= KBr) in percento noi otteniamo

$$\text{percento KBr} = y \cdot \frac{100}{g}.$$

$$= \frac{100}{0{,}37354} - \frac{0{,}85570}{0{,}37354} \cdot 100 \frac{g'}{g}$$

$$= 267{,}71 - 229{,}07 \frac{g'}{g}$$

SOLUZIONE 2: Trasformazione della sostanza in alogenuro di argento. Procedendo analogamente alla soluzione 1 noi otteniamo

$$x + y = g \qquad (1)$$

$$x \frac{AgCl}{KCl} + y \frac{AgBr}{KBr} = g' \qquad (2)$$

$$x + y \frac{KCl}{KBr} \cdot \frac{AgBr}{AgCl} = g' \frac{KCl}{AgCl} \qquad (3)$$

$$\begin{array}{rl} \lg KCl = & 87251 \\ \lg AgBr = & 27369 \\ 1 - \lg KBr = & 92438 \\ 1 - \lg AgCl = & 84364 \\ \hline & 91422 \end{array} \qquad \begin{array}{rl} \lg KCl = & 87251 \\ 1 - \lg AgCl = & 84364 \\ \hline & 71615 \end{array}$$

Numero 0,82077 Numero 0,52018

$$x + 0{,}82077\, y = 0{,}52018\, g' \tag{4}$$

$$y = \frac{g - 0{,}52018\, g'}{0{,}17923}$$

$$\text{Percento Bromuro di Potassio} = y\,\frac{100}{g}$$

$$= \frac{100}{0{,}17923} - \frac{0{,}52018}{0{,}17923} \cdot 100\,\frac{g'}{g}$$

$$= 557{,}94 - 290{,}23\,\frac{g'}{g}$$

SOLUZIONE 3: Trasformazione della mescolanza in Cloruro di Argento. Noi abbiamo

$$x + y = g \tag{1}$$

$$\cdot \frac{AgCl}{KCl} + y \cdot \frac{AgCl}{KBr} = g' \tag{2}$$

$$x + y\ \frac{KCl}{KBr} = g' \cdot \frac{KCl}{AgCl} \tag{3}$$

$$\begin{array}{rl} \lg KCl = & 87251 \\ 1 - \lg KBr = & 92438 \\ \hline & 79689 \end{array} \qquad \begin{array}{rl} \lg KCl = & 87251 \\ 1 - \lg AgCl = & 84364 \\ \hline & 71615 \end{array}$$

Numero 0,62646 Numero 0,52018

$$x + 0{,}62646\, y = 0{,}52018\, g' \tag{4}$$

$$y = \frac{g - 0{,}52018\, g'}{0{,}37354}$$

$$\text{Percento di Bromuro di Potassio} = y\,\frac{100}{g}$$

$$= \frac{100}{0,37354} - \frac{0,52018}{0,37354} \cdot 100 \frac{g'}{g}$$

$$= 267,71 - 139,25 \frac{g'}{g}$$

In maniera analoga il percento di un composto y i una miscela si esprime con un'equazione della formula:

$$\text{Percentuale in } y = a + b \frac{g'}{g},$$

ove a e b possono essere positivo o negativo.

Nella tavola 6 si trovano menzionati i fattori a e b coi loro logaritmi di b per le analisi «indirette» frequentemente impiegate.

Nella scelta del procedimento di un'analisi «indiretta» si porrà la questione: da quali punti dipende in ogni caso l'esattezza di questo metodo? L'esattezza si riferirà da una parte alla specie d'operazione da eseguire ed alla sicurezza con la quale si possono ottenere le trasformazioni stechiometricamente definite, e dall'altra alle relazioni dei numeri stechiometrici. Più grande è il coefficiente b indicato nella tavola 6, meno esatto è il metodo dal punto di vista aritmetico. Perchè se noi cambiamo il valore g' (tenendo costante il valore di g) per es. $^1/_{1000}$, allora il percentuale di y cambierà di circa 2%, nel caso che KCl + NaCl sono trasformati in solfati; ma nel caso che il prodotto di reazione fosse AgCl, y cambierebbe soltanto di circa 0,2%. Si può dire in generale che l'errore percentuale nella determinazione di g', moltiplicato con $^1/_{100}$ del valore di b, ci darà pressapoco (la relazione esatta sarebbe più complicata) l'errore del contenuto (in percento) di y nella miscela. È opportuno di rendersi conto di questo fatto per conoscere anche le sue particolarità aritmetiche.

TAVOLA 7.

Determinazione volumetrica dell'azoto ed altri gas. Tabella per la riduzione dei gas

Fra tutte le analisi nelle quali si calcolano i prodotti dal volume dei gas misurati, la determinazione dell'azoto è di gran lunga la più importante.

Per questa ragione la Tavola 7 è calcolata in modo che le cifre qui indicate sono per l'azoto sufficienti senza altro calcolo, mentre per ciascun altro gas si deve addizionare un logaritmo (vedi spiegazione a tavola 9). Il peso grammo di un cm^3 di azoto secco a 0° e a 760 mm di pressione di mercurio è secondo lord Rayleigh e W. Ramsay [1]

$$g = 0{,}0012505 \text{ grammi};$$

a t° ed alla pressione di p mm, per conseguenza

$$g = 0{,}0012505 \cdot \frac{1}{1 + 0{,}00367\,t} \quad \frac{p}{760} \text{ grammi}\ [2]$$

I logaritmi di questi valori si trovano nella tavola 7 che serve per la temperatura da 7° a 24° e per la pressione da 670 a 789 mm. Perciò

$$\lg P = \lg ccm + \lg g + (1 - \lg S),$$

ove

P significa il percento trovato di azoto
ccm i centimetri cubici letti
S la sostanza pesata [3]

Non sarebbe ragionevole di compilare la tavola direttamente per l'azoto umido, cioè saturato di vapor d'acqua perchè sarebbe inutilizzabile per l'azoto determinato sopra la potassa caustica di concentrazione differente oppure secco sul mercurio, così come per gli altri scopi.

La tavola 7 da questo punto di vista è universale. Questa è specialmente destinata alla determinazione dell'azoto secco, ma può essere impiegata senz'altro per la determinazione dell'azoto umido e di tutti gli altri gas, secchi o umidi.

Se si vuole seccare l'azoto, lo si determina meglio sopra la potassa caustica al 50% perchè può essere considerata, secondo Bunsen, come praticamente secco. Se è catturato

---

1 Confronta Zeitschr. f. physik. Chem. 16, 346 (1895) e Landalt-Börnstein, 5. ediz.

2 Il coefficiente di dilatazione dell'azoto $\alpha = 0{,}00367$, si distingue dunque sensibilmente da quello di un gas ideale 0,0036603 (= 1/273,20).

3 Vedi anche a pagina 120.

umido o sopra l'acqua o sopra la potassa più diluita si sottrae la tensione del vapore del liquido dalla pressione barometrica e si utilizza senz'altro la tavola 7. Per il caso più frequente fra tutti che il mezzo contenente sia l'acqua, le cifre da sottrarre da p che esprimono la tensione del vapore d'acqua alle temperature da 7° a 24° sono poste sotto p_W alla sinistra della tavola. Sia p. es. dell'azoto ottenuto sull'acqua a 13° e a 755 mm; allora si cerca il valore di 13°, 755 mm e da questo si sottrae il numero trovato a sinistra che è 11,1 il che darà 744 mm che corrisponde al logaritmo 06761 che è quello cercato.

In generale la tavola sarà impiegata senza alcuna interpolazione, vale a dire, sarà sufficiente leggere i gradi intieri ed i millimetri intieri, imperocchè se arrotondo p. es. 13,5° e 745,5 in 13° e 746 mm. commetto un errore di arrotondamento (l'arrotondamento è calcolato al massimo ed in tutte le due volte nello stesso senso) ed avrei in luogo di 100 di azoto 100,24. Troverei allora in luogo di 10,00% di azoto 10,02%, in luogo di 20,00%, 20,05%. Ma questi sono errori che si devono considerare entro i i limiti ordinari degli errori analitici.[1] Chi desidera pertanto di interpolare, sarà sensibilmente aiutato dalle tavole all'uopo aggiunte.

Non è consigliabile di misurare l'azoto sopra soluzioni di potassa caustica diluite, poichè secondo Bunsen le loro tensioni di vapore in seguito all'assorbimento dell'anidride carbonica non sono attendibili. Poichè si impiega frequentemente come liquido la potassa più diluita, sono quì sotto esposte le tensioni di vapore che sono da sottrarre.

La tavola più piccola contiene nello stesso tempo le correzione delle letture del barometro colla scala di vetro e di ottone, che servono, come abbiamo detto, per sottrarre.

---

[1] Per la decomposizione di sostanze più ricche in azoto è da raccomandare la maniera di calcolare di E. Mohr (vedi tavola ausiliare alla pagina 60).

t°	p (mm) per soluzione di potassa con un contenuto in KOH di				
	9,1%	16,7%	23,1%	28,6%	32,9%
7	7,0	6,5	5,9	5,3	4,6
8	7,5	7,0	6,3	5,6	4,8
9	8,0	7,5	6,8	6,0	5,2
10	8,6	8,0	7,3	6,5	5,6
11	9,2	8,6	7,8	7,0	6,0
12	9,8	9,2	8,3	7,4	6,4
13	10,5	9,8	8,9	7,9	6,9
14	11,2	10,4	9,5	8,4	7,3
15	11,9	11,1	10,1	9,0	7,8
16	12,7	11,9	10,8	9,6	8,3
17	13,6	12,6	11,5	10,3	8,9
18	14,5	13,5	12,3	10,9	9,5
19	15,4	14,3	13,1	11,7	10,1
20	16,4	15,3	13,9	12,4	10,8
21	17,4	16,2	14,8	13,2	11,4
22	18,5	17,3	15,8	14,0	12,2
23	19,7	18,3	16,8	14,9	12,9
24	20,9	19,5	17,8	15,9	13,8

t°	Correzioni delle letture barometr. (mm) scala di	
	vetro	ottone
7	0,9	0,9
8	1,0	1,0
9	1,2	1,1
10	1,3	1,2
11	1,4	1,3
12	1,5	1,5
13	1,7	1,6
14	1,8	1,7
15	1,9	1,8
16	2,1	1,9
17	2,2	2,1
18	2,3	2,2
19	2,4	2,3
20	2,6	2,4
21	2,7	2,5
22	2,8	2,7
23	2,9	2,8
24	3,1	2,9

L. Zechmeister ha trovato (*Chem.-Ztg.* 52 (1928), 887), che fra 11° e 21° le correzioni per l'umidità e la lettura barometrica con scala di vetro possono semplificarsi nella maniera seguente: Si sottrae in totale dalla pressione la stessa cifra in millimetri che ci dà la temperatura in centigradi, ciò che ci illustra la tabella seguente:

t_0	p w (mm)	Correzione barometrica (mm)	Correzione totale		Errore della corr. sempl.
			esatta	semplificata	
11	9,8	— 1,4	— 11,2	— 11	+ 0,2
13	11,2	— 1,7	— 12,9	— 13	— 0,1
15	12,8	— 1,9	— 14,7	— 15	— 0,3
17	14,5	— 2,2	— 16,7	— 17	— 0,3
19	16,5	— 2,4	— 18,9	— 19	— 0,1
21	18,7	— 2,7	— 21,4	— 21	+ 0,4

Questa regola semplice sarà un aiuto utile in molti casi.

Tavola 7 come tabella per la riduzione dei gas

La tavola può essere ancora impiegata come tabella di riduzione per qualsiasi gas, sieno essi secchi o umidi, vale a dire, ottenuti sull'acqua (od altrimenti saturi di vapor d'acqua alla temperatura del momento dell'analisi). Un ccm di Azoto pesa 0,0012505 g, il logaritmo di questa cifra è 09708. Quando si sottrae questo logaritmo da quello della tavola 7 determinato per la pressione e la temperatura ambiente si ha allora il logaritmo del numero col quale si deve moltiplicare il volume del gas per ridurlo secco a 0° e 760 mm. Se il gas è umido, la tensione del vapore deve essere allora sottratta dalla lettura della pressione. In ogni caso si deve correggere secondo la indicazione la lettura barometrica.

Si effettua dunque la riduzione del volume letto a t° e p mm di pressione secco o umido addizionando

il lg dei centimetri cubici letti
il lg corrispondente della tav. 7
ed il numero 90292 come cologaritmo a 09708.

ESEMPIO; Il volume di una quantità di gas ottenuto sopra l'acqua a t = 20° e p = 756,0 mm, letti al barometro con scala di vetro sia di 47,30 ccm. Quale è il volume del gas secco ridotto a o° e a 760° mm di pressione?

La correzione per l'umidità è 17,5 mm, per la lettura del Barometro 2,6, dunque la pressione parziale del gas è 756,0 — 17,5 — 2,6 = 735,9 mm.

Perciò

lg 47,30 = 67 486
lg Tav. 7 = 05 240
Collogaritmo di 09708 = 90 292

63 018

Il numero di 63018 è 4268 il volume ridotto è dunque 42,68 ccm.

TAVOLA 8.

Il contenuto di questa tavola non necessita di altre spiegazioni.

TAVOLA 9.

Determinazione volumetrica di gas importanti

La tavola 7 può ancora essere impiegata per la determinazione del peso di altri gas il cui volume sia stato misurato a t° e a p mm di pressione secco o umido. Secondo la legge di Avogadro 1 ccm di un gas del peso molecolare M pesa nei limiti delle leggi dei gas, M volte più di un ccm di gas normale del peso molecolare 1, quando si trova nelle medesime condizioni.

Si ottiene allora il logaritmo del peso di a ccm di gas del peso molecolare M misurato a t° e p mm di pressione addizionando

il lg di a (ccm letti)
il lg corrispondente della tav. 7
il lg di M
il numero 55240.

Il numero 55240 è la differenza di 64948 e 09708, cioè il logaritmo dei pesi litro del gas normale e dell'azoto, il logaritmo del numero che riduce il peso di un volume di azoto al peso dello stesso volume di gas normale che è stato misurato nelle medesime condizioni.

Se il gas è stato misurato umido si deve sottrarre dalla lettura della pressione la tensione del vapor d'acqua ed anche la lettura barometrica deve essere corretta come è indicato nelle spiegazioni alla tav. 7.

ESEMPIO: Quanto pesano 37,1 ccm di idrogeno misurato a 23° e a 763 mm di pressione?

Abbiamo p = 763 — 21,1 — 2,9 = 739 mm, perchè dobbiamo sottrarre dalla lettura barometrica (763 mm) la tensione del vapor d'acqua (21,1) e la correzione barometrica (2,9) cioè 240 mm.

Perciò

lg di 37,1 =	56 937
lg della tav. 7 =	04 973
lg di M o 2,015 =	30 440
Riduzione a gas normale =	55 240
	47 590

Il suo numero è 29916. La posizione della virgola è data da un calcolo approssimativo. Secondo la tavola 9, 1 ccm di gas normale pesa 0,044615 mg e l'idrogeno ($M \approx 2$) circa il doppio, perciò 37 ccm d'idrogeno pesano presso a poco $0,04 \cdot 2 \cdot 37$ o circa 3 mg, il numero determinato non può dunque essere che 2,99 e non 29,9 mg, o 0,299 mg. Più di 3 cifre dopo la virgola non devono essere scritte, dunque non 2,9916 mg poichè il volume letto è dato egualmente con tre cifre (misura delle pressioni), le cifre seguenti non garantiscono un'esattezza più grande.

Quasi altrettanto facilmente si arriva allo scopo coll'impiego della formula data in fondo alla tavola 9 per il peso di 1 ccm di un gas ideale del peso molecolare M:

$$\text{Peso} = M \cdot 0{,}00016038 \cdot \frac{P}{T} \text{ grammi}$$

Questo è da addizionare per a ccm di gas:

lg a oppure 37,1	= 56937
lg M oppure 2,0156	= 30440
lg 0,00016038	= 20515
lg p oppure 739	= 86864
1 — lg (T oppure 296,20)	= 52841
	47597

La piccola differenza nel logaritmo finale di fronte al calcolo effettuato precedentemente proviene dal fatto che il coefficiente di dilatazione dell'azoto che è la base della cifra della tavola 7 differisce un poco da quello di un gas ideale (vedi pag. 130 nota).

Per poter essere rigorosi si dovrebbe calcolare ciascun gas col suo coefficiente tenendo conto delle altre deviazioni da un gas ideale. Ma tali complicazioni sarebbero inutili di fronte agli errori normali di analisi per la determinazione della misura dei gas.

Per contro il volume molecolare devia in molti gas i più importanti ed il più sovente determinati, tanto considerevolmente da quello del gas ideale di già nelle condizioni normali che la determinazione fatta in base al principio di Avogadro analogamente a quella più sopra menzionata fornisce degli errori troppo grandi. Per questa ragione per tali gas si sono calcolati dei fattori secondo i loro pesi per litro empirico.

I rispettivi logaritmi si trovano nell'ultima colonna della tavola 9, che sono da mettere in luogo dei due ultimi logaritmi del calcolo delle pagine 134-135 come è indicato nella spiegazione in testa alla tavola 9.

ESEMPIO: Quanto pesano 43,7 ccm di ossido di azoto misurati a 17° e 757 mm del Barometro sopra una soluzione di potassa caustica al 33 % ?

P = 757 — 8,9 — 2,2 = 746 mm poichè secondo la pagina 111 si deve sottrarre come tensione di vapore della potassa al 33 % 8,9 mm, come correzione barometrica, 2,2 mm, in totale 11,1 che arrotondati fanno 11.

Perciò

lg ccm opp. 43,7 = 64 048
lg della tav. 7 = 06 274
lg della tav. 9 = 03 009
73 331

Il numero è 5411 ed il peso è dunque 54,1 mg poichè secondo la tavola 9, 1 ccm di gas deve pesare circa 1,3 mg, 43 ccm danno circa 50 mg.

TAVOLA 10.

Determinazione volumetrica delle sostanze che sviluppano gas

Quando una sostanza sviluppa un gas secondo le leggi stechiometriche, il peso del prodotto che sviluppa il gas è determinato coll'aiuto del peso del gas sviluppato secondo la sua equazione stechiometrica. Quest'ultimo gas non è pesato, ma si misura invece il suo volume in ccm a t° e p mm di pressione allo stato secco o umido. Quindi si determina coll'aiuto delle tavole 7 e 9 il suo peso a partire dal suo volume e moltiplicandolo con il rapporto equivalente fra il prodotto che sviluppa e il gas sviluppato. Si riunirà una volta per tutte il logaritmo della tavola 9 ed il logaritmo del rapporto equivalente a un solo logaritmo che si chiamerà logaritmo di trasformazione. Questi ultimi sono ricordati per qualche caso importante nell'ultima colonna della tavola 10.

Dalle spiegazioni precedenti risultano le indicazioni per l'impiego della tavola 10 che precedono daltronde di già sommariamente la tavola.

ESEMPIO I: 0,250 g di polvere di zinco danno 79,6 ccm di idrogeno misurato sopra l'acqua a 20° e a 742 mm di pressione barometrica. Quanto per cento di zinco metallico contiene la polvere?

Correzione per l'umidità 17,5 mm, per la lettura barometrica (pag. 132) 2,6 mm, perciò, p = 742 — 17,5 — 2,6 = 722 mm. Per esprimere lo zinco trovato in percento della polvere, si deve dividere per il peso della polvere di zinco impiegata; si deve dunque ancora addizionare al logaritmo trovato il cologaritmo del lg di 0,250.

lg ccm opp. 79,6	= 90 091
lg della tav. 7	= 04 406
lg della tav. 10	= 36 775
cologaritmo di 0,250	= 60 206
	91 478

Il numero è 8218. La polvere di Zinco contiene 82,2 (non 82,18!)% di Zinco. La posizione della virgola segue le indicazioni della tavola 10 cioè 1 ccm di Idrogeno corrisponde pressapoco a 2,9 mg di Zinco, 80 ccm danno dunque circa 0,23 g. Si è perciò trovato circa $100 \cdot \frac{0,23}{0,25}$ = a poco più di 82,2 e non 8,22% di Zinco.

ESEMPIO 2°: 0,1487 g. di Salnitro del Cile danno 37,1 ccm di ossido di azoto misurato a 767 mm. e a 13° sopra la potassa al 25%. Quanto di azoto per cento, contiene il nitrato del Cile?

Secondo la pagina 132 la pressione è p = 767 — 8,6 — 1,7 = 757 mm.

Perciò

lg di 37,1	= 56 937
lg della tav. 7	= 07 514
lg della tav. 10	= 69 923
cologaritmo 0,1487	= 82 769
	17 143

Il numero è 1484. Per conseguenza il Sal Nitro del Cile contiene 14,9% di Azoto (ciò che risulta egualmente dai dati della tavola 10). Il nitrato di soda chimicamente puro dà 16,48% di Azoto.

Questi esempi dimostrano la semplicità e l'eleganza straordinaria dei calcoli di dette analisi, coll'impiego delle tavole 7 e 10.

TAVOLA 11.

Determinazione del peso molecolare

I. Determinazione del peso molecolare mediante spostamento d'aria (V. Meyer).

B. Per poter impiegare la tavola 7 per la riduzione del volume gassoso, il peso molecolare cercato è riferito a quello dell'azoto (28,016). Se il pallone è stato riempito con un gas secco si deve naturalmente sottrarre dalla pressione barometrica la tensione intera del vapor d'acqua e la correzione barometrica. Se il pallone è riempito d'aria ordinaria (ciò che avviene generalmente) è sufficiente in vista di altre cause di errore, di sottrarre la metà della tensione del vapor d'acqua.

ESEMPIO: 0,0891 g di Acetamide danno 37,3 ccm di aria misurati sull'acqua a 19° e 763 mm di pressione. Il pallone era riempito con aria ordinaria perciò satura a metà di vapor d'acqua. Quale sarà il peso molecolare dell'acetamide?

$$P = 763 - \frac{1}{2} \cdot 16{,}5 - 2{,}4 = 752{,}3 \text{ mm}$$

$$
\begin{array}{rl}
\log 28{,}016 & = 4474 \\
\log 00891 & = 9490 \\
1 - \log 373 & = 4283 \\
1 - \log \text{della tavola VII} & = 9365 \\
\hline
& 7621
\end{array}
$$

In numero di 7621 è 5782, dunque il peso molecolare M = 57,8 (non 57,82). La formula dell'Acetamide C_2H_5NO, deve essere M = 59,05. Si è calcolato qui coi log a quattro cifre che in questo caso sono perfettamente sufficienti.

Le altre indicazioni della tavola XI (I A e II) non necessitano di alcuna spiegazione.

TAVOLA 12 e 12 *a*.

Determinazione dei volumi per pesata

La tavola 12 è impiegata quando deve essere determinato il contenuto de picnometri, delle pipette, dei palloni tarati e delle burette, per pesata con acqua o con mercurio

A questo scopo il «litro vero» serve come unità di volume. Sul significato di questa grandezza sussiste ancora come l'esperienza ha provato, un certo grado di incertezza, perciò ne è stata riportata qui la definizione:

Il «litro vero» è lo spazio che occupa 1 kg di acqua purissima (pesata nel vuoto) a 4°; esso è un po' maggiore del decimetro cubo, circa $\frac{1}{100000}$ ($\approx$ 1,00003 dm^3). Nel medesimo rapporto anche il millilitro (1 ml = 0,001 l) è più grande del cm^3.

In pratica non ci si presta alcuna attenzione e si calcola con ccm, ove rigorosamente si dovrebbe calcolare coi millilitri; si mette dunque 1 cm^3 $\doteq$ 0,001 l (vedi a pag. 143). La differenza è nella maggior parte dei casi senza importanza.

Il litro vero, dunque uno spazio invariabile, è ordinariamente la base delle graduazioni dei vasi per gli scopi fisici e chimici.

Per rendere la misurazione più gradevole si eseguisce la determinazione del volume non a 4°, alla temperatura dell'acqua quando è più densa, ma il più sovente a delle temperature più alte, per esempio a 15°, a 17,5°, 20° oppure a 28°.

Per causa della dilatazione termica del vetro, che aumenta il volume di un recipiente di vetro di circa 1/40000 del suo valore per ogni grado, il segno della misura d'un pallone tarato è collocato tanto più basso quanto più alta è la temperatura alla quale il vaso è stato tarato. La determinazione del volume si fa per pesata di acqua o di mercurio e per ragioni pratiche non nel vuoto ma nell'aria.

Per questo scopo si deve tener conto della spinta dell'aria dei corpi da pesare d'una parte e d'altra parte dei pesi. Un corpo del peso G della densità d_1 subisce nell'aria della densità di δ una spinta di $\frac{G \cdot \delta}{d_1}$ grammi, mentre che per i pesi con una densità d_2 la spinta sarà $\frac{G \cdot \delta}{d_2}$ grammi. Il corpo appare dunque più leggiero di $G \cdot \delta \left(\frac{1}{d_1} - \frac{1}{d_2}\right)$ grammi, pesato nell'aria. I valori della tavola 12 sono calcolati colla supposizione che la pesata sia fatta con pesi in ottone ($d_2 = 8{,}4$) nell'aria della densità 0,00120.

In queste condizioni il prodotto di δ e dell'espressione nella parentesi prende il valore + 0,00106 alla pesata coll'acqua ($d_1 = 100$) oppure − 0,00005 quando la pesata è fatta mediante mercurio ($d_1 = 13{,}5$). Paragonato all'acqua il mercurio sembrerebbe in questo caso troppo pesante, pesato nell'aria e di fronte al valore ottenuto nel vuoto quando si pesa coi pesi di ottone (come d'abitudine).

La densità dell'aria di 0,00120 sulla quale è basata la tavola 12 è valevole per l'aria secca alla pressione di 760 mm di Hg ed alla temperatura di 21°. Il valore della tavola per le pesate mediante l'acqua diminuisce di una unità dell'ultima decimale, quando la pressione dell'aria cresce di 7 mm ed aumenta di altrettanto quando la temperatura sale di tre gradi od anche quando l'aria mostra con la pressione barometrica costante una pressione parziale di vapor d'acqua di 19 mm di mercurio.

In seguito a queste indicazioni è facile prevedere la natura delle correzioni che bisogna scegliere, quando ci si trova di fronte a quelle deviazioni (semplici o complesse) delle condizioni normali.

Colla pesata mediante mercurio le variazioni che dipendano da queste influenze sono così deboli che in pratica una correzione anche di un'unità dell'ultima decimale non ha importanza.

ESEMPIO: Il peso di un vaso che contiene dell'acqua a 18,1° dà un contenuto di g. 67,3465. La pressione barometrica = 758 mm, la temperatura dell'aria = 20°, tensione di vapore d'acqua 7 mm.

Correzione: Pressione = + 0,3; temperatura = — 0,3; umidità = — 0,4 (il tutto in unità della seconda decimale del valore di w nella tavola 12). La correzione totale resta dunque egualmente, arrotondata, inferiore ad un'unità della seconda decimale e per conseguenza è da trascurare. Perciò il volume del vaso è a 18,1°:

$$V_{18,1} = \frac{1000 \cdot 67,3465}{997,54} \text{ cm}^3 = 67,513 \text{ cm}^3$$

$$\begin{array}{rl} \lg\ 67,3465 & = 82832 \\ 1 - \lg\ 997,54 & = 00107 \\ \hline & 82939 = \lg 67513 \end{array}$$

È ammesso che l'esattezza voluta permette di impiegare il log di cinque cifre. Altrimenti ci si deve servire di una tavola di sette. I logaritmi della tavola 12 sono dati ad ogni modo con sette cifre e corrispondono ai numeri calcolati fino alla terza cifra decimale.

A 15° il volume del recipiente misura nell'esempio precedente

$$V_{15} = V_{18,1}\left(1 + \frac{15 - 18,1}{40000}\right) = 67,513 \cdot \frac{39997}{40000} = 67,508 \text{ cm}^3.$$

La tavola 12 *a* darà buoni servizi per la prova dei recipienti tarati (palloni, pipette, ecc.) con contenuto approssimato (vetro del commercio, non di precisione). Essa permette di calcolare dal risultato di una pesata con acqua a temperatura arbitraria in un modo semplice la differenza del volume dal valore teorico alla temperatura normale (20°, rispett. 28°). Dalla tavola 12 *a* si può senz'altro dedurre il peso del volume d'acqua di un recipiente alla temperatura ambiente, quando è stato tarato alla temperatura normale (indicata sul recipiente). Si è rinunciato ai logaritmi dei pesi, perchè si tratta in tali casi esclusivamente di valori, di contenuto arrotondati, che possono facilmente essere moltiplicati con i pesi senza l'intervento dei logaritmi.

La temperatura normale di 28° è stata ammessa per le regioni tropicali.

Se una determinazione di volume deve essere esatta fino a 0,00001 del valore, si deve non soltanto controllare la densità dell'aria e la rispettiva spinta d'aria, ma anche la densità dei pesi impiegati. In generale si adoperano pesi di ottone (platinati, dorati, oppure nichelati) dalla densità 8,4. Ma l'impiego dei pesi inferiori di un grammo che sono nella maggior parte dei casi di platiniridio (d = 21,5) può esercitare una influenza notevole sulla densità media dei pesi usati. Ammettendo il caso estremo coll'impiego di quasi un grammo intero di platino-iridio, la densità media (ottone = 8,4) sarebbe con 10 g di peso = 9,71; con 50 g di peso = 8,66; e con 100 g di peso sarebbe 8,53.

La spinta d'aria cambia nella pesata con acqua in seguito alle variazioni della densità dei pesi, aumentando di 1% per ogni aumento di densità di 0,5, e a questo aumento corrisponde un abbassamento dei valori di w (tavola 12 e 12 *a*) di un'unità della seconda decimale.

TAVOLA 13.

Correzioni di temperatura nella volumetria.

L'acqua e le soluzioni acquose si dilatano generalmente col riscaldamento e si contraggono col raffreddamento; per questa proprietà essa diminuisce oppure aumenta la concentrazione. Gli errori così originati nella titolazione con soluzioni di temperatura arbitraria saranno parzialmente compensati dalla variabilità termica del contenuto dei recipienti.

Nei lavori volumetrici esatti sarà spesso utile di conoscere il volume esatto di una soluzione titolata alla temperatura normale (20°), quando è stato misurato alla temperatura ambiente.

Invece di portare il recipiente colla soluzione alla temperatura normale, possiamo calcolare il volume normale coll'aiuto della tavola 13, che ci indica quanti centimetri cubici dobbiamo aggiungere (correzioni positive) per ogni 1000 cm^3, e rispett. sottrarre (correzioni negative).

Le correzioni dipendono dai fattori di dilatazione delle soluzioni impiegate e del vetro. Soluzioni decinormali hanno un coefficiente di dilatazione praticamente uguale a quello dell'acqua e si può perciò far uso della tavola 12 *a*.

Volendo per es. conoscere il volume di 25,20 cm^3 di una soluzione n/10 di 26° alla temperatura di 20°, bisogna soltanto cercare nella tavola; un litro d'acqua a 20° pesa 997,17 g e a 26° 995,90 g cioè 1,27 g meno; vale a dire che 1000 cm^3 si dilatano col riscaldamento da 20° a 26° di 1,27 cm^3. I 25,20 cm^3 misurati a 26° si contrarrebbero dunque col raffreddamento a 20° di $\frac{1{,}27 \cdot 25{,}2}{1000} = 0{,}03$ cm^3, il volume risulterebbe di 25,17 cm^3.

TAVOLA 14.

Tavola Areometrica

La tavola 14 serve per la trasformazione dei dati di una scala empirica in cifre che indicano direttamente la densità.

La densità (d) (o la massa specifica) d'un corpo è la massa dell'unità di volume, dunque dei centimetri cubici in grammi massa. Il suo valore numerico è eguale al peso specifico del medesimo corpo, vale a dire il peso dell'unità di volume in grammi peso [1]. La densità è per questa

---

[1] Le dimensioni delle due grandezze sono perciò diverse.

$$\text{densità} = \frac{M}{V} \, . \, [d] = [M\,L^{-3}]$$

$$\text{peso specifico} = \frac{P}{V} \, [p.\,s] = [M\,L^{-2}\,T^{-2}]$$

ragione determinata colla pesata. L'indicazione di temperatura di fianco alla lettera d significa la densità a quella temperatura, per es. d_{15^0}.

È un fatto che l'unità di peso « il grammo » è fissato in modo che è (pressapoco) uguale al peso di 1 ccm di acqua della densità massima, cioè a + 4° e alla pressione di 760 mm di mercurio, nel vuoto, (per eliminare la differenza della spinta d'aria, dell'acqua e dei pesi).

Poichè la densità così definita $d_4{}^0$ dell'acqua, non differisce del valore 1,000000 $\frac{g}{cm^3}$ che di qualche unità della quinta cifra decimale è d'uso impiegare in luogo della densità di un corpo la « densità relativa » d_r, cioè il rapporto del peso di un volume arbitrario di questo corpo col peso del medesimo volume di acqua a + 4° (per la determinazione più esatta colla riduzione dei pesi nel vuoto). Si può ancora definire la densità relativa così determinata mediante il modo di scrivere $d_r \frac{t^0}{4^0}$ [1], ove la indicazione t° significa la temperatura per la quale la grandezza è valevole, ma in pratica esistono a fianco di questi numeri proporzionali corrispondenti all'acqua di densità massima ancora altri valori, ciò che è d'altra parte molto superfluo, che sono in uso e dati da vecchie determinazioni e che rappresentano il rapporto delle densità non corrispondenti all'acqua di densità massima.

Sembra dunque ragionevole di esprimere sotto il nome di « densità relative » solamente le indicazioni dell'ultima specie; queste saranno rappresentate da $d_r \frac{t^0}{15^0}$, $d_r \frac{15^0}{15^0}$ ecc. in opposizione della sola indicazione di « densità » che sarebbe il valore corrispondente all'acqua alla massima densità ed eguagliando questo valore (numerico) colla massa dell'unità di volume (la densità in senso più rigoroso). È da raccomandarsi d'impiegare il più breve dei due modi di scrivere. (Tutti e due sono logicamente esatti):

---

[1] Il modo di scrivere $d \frac{15^0}{4^0}$ oppure $d \frac{15^0}{15^0}$ è da respingere; la densità è fissata come valore assoluto per una sola indicazione di temperatura, come è stato più sopra accennato.

$$d_r \frac{15^\circ}{4^\circ} = d_{15^\circ}.$$

Una tavola per la trasformazione delle « densità relative » si trova a pag. 168 nell'appendice. Le indicazioni della tavola 14 non necessitano esse stesse una spiegazione. Esse sono ottenute parzialmente per interpolazione alla tavola indicata nel Lunge, Chemisch-technische Untersuchungsmethoden, 5. Aufl., I., pag. 352 (valori di a) ed in parte nuovamente calcolato secondo la formola (valori di b):

$$d_{15^\circ} = \frac{145{,}96 \cdot 0{,}99913}{13596 + n_{15^\circ}}$$

tenendo conto dei principi dell'areometria di Baumè segnata nella medesima opera (I., pag. 180) coll'aiuto della densità conosciuta della soluzione del NaCl al 10% (Landolt-Börnstein-Roth, Tabelle chimico-fisiche, 4 Edizione pag. 322).

Il fatto caratteristico del sistema Baumè e specialmente da segnalare perchè può facilmente creare delle confusioni, è che per la misura delle densità dei liquidi leggeri e pesanti impiega degli areometri con scala differente.

TAVOLA 15.

Densità e normalità delle soluzioni. Preparazioni di soluzioni normali secondo le densità

La tavola 15 dà il rapporto tra i pesi volumetrici (colonna 1) di soluzioni importanti e molto impiegate, a 15° e loro normalità (in val/l). Le densità sono riferite all'acqua a 4°. I numeri indicano dunque quanto pesa l'unità di volume (ccm) della soluzione a 15° in unità di peso (g) [1].

---

[1] Vedi anche spiegazione a tavola 14.

Nelle colonne seguenti è indicato il rapporto colla normalità delle soluzioni, corrispondente alle densità menzionate. Questa indicazione sarà più vantaggiosa per molti lavori, dell' indicazione usuale in percentuale delle soluzioni.

Il chimico dovrebbe sempre più abituarsi all'impiego delle quantità volumetriche in luogo delle quantità gradimetriche, cioè di definire il tenore delle soluzioni non in percento oppure colla densità, ma bensì per mezzo della *normalità*.

Avendo misurato la «densità relativa» nella forma: $d_r \frac{15^\circ}{15^\circ}$ ciò che avviene generalmente nella pratica, allora si trasforma questo valore nella «densità» ($d_{15}{}^0 = d_r \frac{15^\circ}{4^\circ}$; vedi anche tavola 14), e questo si fa moltiplicando il fattore 0.999126 (lg fattore = 9996203; vedi anche le aggiunte a pag. 192). Il valore di $d_{15}{}^\circ$ è introdotto nella tavola 15 e si determina così la normalità della soluzione.

La tavola è calcolata con sufficienti garanzie per poter essere impiegate per la titolazione delle soluzioni. A tal uopo è tuttavia necessario di determinare le densità con l'approssimazione fino ad una unità circa della quarta cifra decimale, tenendo accuratamente costante la temperatura (15°).

Il procedimento dà in questo modo delle soluzioni titolate che sono esatte a 0,1 per cento (confronta Chem. Ztg. 1902, 1055; Berichte 38, 150; 1905).

ESEMPIO: La densità di un acido cloridrico è stata trovata 1,0835. Secondo la tavola 15 un acido del peso 1,0800 è 4,784 normale, un altro della densità 1,0900 è invece 5,414 normale.

Per interpolazione si trova per la d = 1,0835 la normalità:

$$4,784 + \frac{35}{100} \cdot (5,414 - 4,784) = 4,784 + \frac{35}{100} \cdot 0,630 = 5,005$$

Per conseguenza un volume dell'acido si deve diluire a 5,005 volumi per renderlo esattamente normale. Per questa ragione si verserà p. es. 200 ccm di acido in un pallone di un litro si riempirà sino al segno e poscia si aggiungerà ancora un ccm di acqua (1 : 5,005 = 200 : 1001). D'un acido normale così titolato, sono stati impiegati 20,05 ccm in luogo di 20,00 ccm per una titolazione.

TAVOLA 16.

Solubilità di sostanze più importanti a 20°

La tavola contiene la solubilità a 20° di sostanze importanti e principalmente impiegate nei laboratori come reattivi. Sotto il % è indicata la percentuale di soluzione acquosa satura a 20° riferita alla sostanza colla composizione data dalla formula aggiunta, mentre che sotto «anidr.» la percentuale in sostanza anidra è soltanto segnata per quelle che contengono acqua di cristallizzazione.

La colonna „mol/l" indica la normalità molecolare della soluzione e la colonna «d_{20^0}» la sua densità a 20°. I numeri sono stati ottenuti mediante interpolazione dalle tavole corrispondenti della 5ª edizione di Landolt-Börnstein. I valori segnati con + sono determinati a 15°, quelli segnati con un asterisco risultano dalle ricerche di precisione di Fr. Flöttmann (Ztschr. f. anal. Chem. 73, I [1928]).

TAVOLA 17.

Ponte di Wheatstone. Logaritmi dei valori di a: (1000 — a) per a di 1 a 999

Anche per le misure al Ponte di Wheatstone l'uso dei logaritmi porta un'economia di tempo; non si sono nelle tavole messi i valori di a: (1000 — a) come di abitudine (vedi manuale di Ostwald-Luther e di Kohlrausch) ma si sono scritti direttamente i loro logaritmi. La tavola serve per il filo calibrato diviso come al solito in mille parti.

TAVOLA 18.

Elettrochimica.

A. *Equivalenti elettrochimici. Pile normali.*

La definizione del Coulomb come la quantità elettrica che separa 1,118 mg di Argento, è ancora in vigore. Le esperienze le più recenti e le più accurate hanno ancora confermato questo valore.

In compenso il valore nominale per 1 F corrisponde al peso atomico di recente trovato dell'argento che è ora di 96491 Coulombs. Siccome il voltametro a iodio fornisce un valore più elevato (1 F = 96512 Coulombs) si adotta per i calcoli il valore arrotondato 1 F = 96500 Coulombs. Questo valore si trova in fondo della tavola « Equivalenti elettrochimici ». Per i valori che si riferiscono al voltametro a gas tonante si è tenuto conto del fatto che il volume molecolare dell'idrogeno è di circa 0,20% più grande di quello dell'ossigeno.

B. *Elenco grafico dei potenziali.*

L'esposizione grafica dei potenziali di alcuni elettrodi normali e di comparazione, frequentemente usati, ha il vantaggio di essere più chiara che la compilazione tabellarica. L'uso dei valori di potenziale « assoluti » e quasi abolito e si dà generalmente le indicazioni per potenziali, confrontando la forza elettromotrice dell'elettrodo di prova con quella dell'elettrodo normale (comparativo). È dubbio, che nell'avvenire le ricerche ulteriori lasceranno intatta la penultima decimale.

C. *Batmometria.*

La misura della concentrazione degli ioni d'idrogeno ha raggiunto nell'ultimo tempo una tale importanza, che si può considerarla come la determinazione fisico-chimica più frequentemente eseguita. Essa è fatta specialmente secondo il metodo colorimetrico (coll'aiuto degli indicatori) oppure più spesso ancora colla misura della forza elettromotrice.

La coerenza fra potenziale e concentrazione degli ioni partecipanti è tale che a un cambio di potenziale corrisponde un aumento proporzionale della concentrazione, cosicchè il potenziale sarà sempre proporzionale al logaritmo della concentrazione ionica. Per questo motivo – ed anche per altre ragioni pratiche – non si dà come risultato delle misure la concentrazione degli ioni d'idrogeno stessa, ma il suo logaritmo e con segno negativo. Questo valore è stato simbolizzato da S. P. L. Sörensen (1909) con p_H e il metodo porta il nome di «misura del p_H». Questa usanza strana ci prova che non siamo ancora in possesso di un nome universalmente riconosciuto per questo simbolo. (Nè l'«esponente d'idrogeno» di Sörensen, nè il «numero d'idrogeno» di Michaelis si sono popolarizzati).

Esiste però da parecchio tempo una denominazione, che unisce alla brevità la possibilità di traduzione facile: il cosidetto «grado di acidità» di E. Salm (Ztschc. f. Elektrochem. 10, 114) e così si può parlare di «grado», «decimogrado», «centesimogrado», «misura del grado», ecc. (ove «grado» significa sempre «grado di acidità», oppure «grado di basicità»). Allo stesso tempo si presenta la possibilità di formare un nome per l'uso internazionale, cioè «Batmometria» (da «bathmos» la parola greca per «grado»).

Proponiamo anche di designare il «grado» di un valore più piccolo col preambolo «più alto» ed il «grado» maggiore sarà dunque il «grado più basso», basandoci sul fatto che la reazione più fortemente acida corrisponde al grado di acidità (valore del p_H) più piccolo.

Avremo dunque fra grado (di acidità) e attività degli ioni d'idrogeno la relazione seguente:

$$p_H = - \cdot \lg a_{H^+}.$$

Le spiegazioni più ampie si trovano nella sezione *D.*

Nella pratica si può approssimativamente egualizzare concentrazione ed attività supponendo però che la concentrazione totale degli ioni nella soluzione di prova non sia troppo grande (non più di $\frac{n}{10}$).

Le concentrazioni totali maggiori conducono a degli errori assai notevoli per la valorizzazione analitica delle misure dei potenziali.

La sezione C della tavola 18 facilita il calcolo dei gradi di acidità forniti dalla misura dei potenziali.

È da notare per i metodi II e III che le formole non sono ammissibili che per temperature vicine ai 15° e 25°, perchè la base del calcolo è ancora poco studiata.

I prodotti degli ioni dell'acqua a diverse temperature (§ 5) sono estratti dalla 5ª edizione di Landolt-Börnstein.

D. *Attività e coefficiente di attività.*

1. L'attività (termodinamica) a_i di una specie di molecole è definita secondo G. N. Lewis come una grandezza relativa che si pone al luogo della concentrazione c_i della stessa specie di molecole nelle leggi di termodinamica valevoli per sistemi diluiti ideali, nell'intenzione di poter applicare queste leggi anche per i sistemi reali. Il coefficiente di attività f_i cambia l'attività e la concentrazione secondo

$$a_i = f_i \cdot c_i \,. \tag{1}$$

È una funzione delle concentrazioni di tutte le specie di molecole presenti ed in generale anche una funzione della pressione e della temperatura. L'attività relativa così definita può essere classificata colla scelta di uno stato relativo qualunque. Per materie sciolte (soluzioni) questo avviene opportunamente per la condizione

$$\begin{matrix} \lim a_i \longrightarrow c_i \\ \Sigma c_i \longrightarrow 0 \end{matrix} \tag{2}$$

nel limite delle piccole concentrazioni il coefficiente sarà dunque $= 1$ e l'attività sarà uguale alla concentrazione.

2. Al coefficiente di attività è attribuita una speciale importanza, nel caso delle soluzioni di ioni, perchè le forze fra particelle caricate elettricamente non possono essere trascurate neanche nelle soluzioni relativamente diluite. La legge delle azioni delle masse applicata all'equilibrio di dissociazione di un elettrolita binario

$$KA \rightleftarrows K^{\cdot} + A'$$

sarà allora

$$\frac{a_{K^{\cdot}} \cdot a_{A'}}{a_{KA}} = K_a = \frac{c_{K^{\cdot}} \cdot f_{K^{\cdot}} \cdot c_{A'} \cdot f_{A'}}{c_{KA} \cdot f_{KA}} = K_c \cdot \frac{f_{K^{\cdot}} \cdot f_{A'}}{f_{KA}} \tag{3}$$

oppure se α significa il grado di dissociazione (vero) della soluzione in questione colla concentrazione c:

$$K_a = \frac{\alpha^2 \cdot c}{1 - \alpha} \cdot \frac{f_{K^{\cdot}} \cdot f_{A'}}{f_{KA}} \,. \tag{3 a}$$

Soltanto per le soluzioni pure (acquose) di un elettrolita debole i coefficienti di attività divengono = 1 nelle concentrazioni medie e più alte (in conseguenza alle distanze ioniche più grandi).

Le equazioni (3) e (3 *a*) si trasformano in questo caso nelle leggi «classiche» più semplici:

$$K_a \approx K_c = \frac{c_{K^\cdot} \cdot c_{A'}}{c_{KA}} = \frac{a^2 \cdot c}{1 - a} \tag{4}$$

Approssimativamente si può spesso mettere il coefficiente di attività = 1. Quando si tratta di molecole neutre anche in presenza di elettroliti forti con concentrazioni moderate, le relazioni menzionate (3) e (3 *a*) si semplificano coll'eliminazione di f_{KA}.

Si può anche — senza commettere un errore importante — considerare gli elettroliti forti in concentrazioni moderate come interamente dissociati, di modo che la concentrazione ionica sarà determinata in modo semplice dalla concentrazione bruta.

3. In principio le attività possono essere determinate sperimentalmente da equilibrii termodinamici qualsiasi. Praticamente si tratta di determinazioni della pressione di vapore, dell'abbassamento del punto di congelazione, della solubilità ed anche di quelle della forza elettromotrice delle catene galvaniche. Per la valorizzazione rimandiamo alla letteratura speciale [1]). Tuttavia tutti questi metodi non forniscono in generale per gli elettroliti le attività individuali sopramenzionate delle singole specie di ioni, ma con valore medio dato da

$$a \pm = (a_+^{z+} \cdot a_-^{z-})^{1/z} \tag{5}$$

valevole per un elettrolita semplice fornendo due specie di ioni che si scindono pro molecola in z ioni cioè in z + ca-

---

[1]) G. N. LEWIS und M. RANDALL, Thermodynamik und die freie Energie chemischer Substanzen, deutsch von O. REDLICH. Berlin 1927. — K. JELLINEK, Lehrbuch der physikalischen Chemie, Bd. 3. Stuttgart 1931. — H. FALKENHAGEN, Elektrolyte. Leipzig 1932.

tioni ($z = z^+ + z^-$). Per conseguenza si può mettere come coefficiente di attività medio:

$$f_\pm = \frac{a_\pm}{c_\pm} = \left(\frac{a_+^{z_+} \cdot a_-^{z_-}}{c_+^{z_+} \cdot c_-^{z_-}}\right)^{1/z} = (f_+^{z_+} \cdot f_-^{z_-})^{1/z} = \frac{1}{\alpha \cdot c}\left(\frac{a_+^{z_+} \cdot a_-^{z_-}}{z_+^{z_+} \cdot z_-^{z_-}}\right)^{1/z} . \quad (6)$$

In tutti i casi nei quali non esiste una conoscenza sicura sul grado di dissociazione α cioè sulle concentrazioni individuali degli ioni oppure sul loro valore medio $c_\pm$ si suole operare non col coefficiente di attività vero f ma col coefficiente di attività "stechiometrica" γ, che presenta il quoziente di attività e concentrazione stechiometrica m

$$\gamma_i = \alpha \cdot f_i = \frac{a_i}{m_i} ; \quad (7)$$

$$\left.\begin{aligned} \gamma_\pm &= \alpha \cdot f_\pm = \frac{a_\pm}{m_\pm} = (\gamma_+^{z_+} \cdot \gamma_-^{z_-})^{1/z} \\ &= \left(\frac{a_+^{z_+} \cdot a_-^{z_-}}{m_+^{z_+} \cdot a_-^{z_-}}\right)^{1/z} = \frac{1}{m}\left(\frac{a_+^{z_+} \cdot a_-^{z_-}}{z_+^{z_+} \cdot z_-^{z_-}}\right)^{1/z} . \end{aligned}\right\} \quad (8)$$

4. Lewis pone negli elettroliti forti

$$\frac{a_+^{z_+} \cdot z_-^{z_-}}{a_m} = K_a = 1 , \quad (9)$$

dove a_m attività della soluzione non dissociata. Con questa ammissione si può definire il coefficiente di attività stechiometrico dell'elettrolito non dissociato:

$$\gamma_m = \gamma_\pm = 1/m \left(\frac{a_m}{z_+^{z_+} \cdot z_-^{z_-}}\right)^{1/z} \quad (10)$$

È identico col coefficiente d'attività stechiometrico degli ioni e presenta il coefficiente di attività propriamente detto dell'elettrolita.

Questo artificio è trasmissibile anche su elettroliti deboli e permette un trattamento termodinamico molto elegante di qualunque soluzione elettrolitica. Naturalmente questo coefficiente di attività definito secondo (9) non può essere usato per definire anche lo stato molecolare delle soluzioni considerate. Vedi anche la letteratura speciale[1].

5. Benchè le attività ioniche individuali (e perciò anche dei coefficienti di attività) presentino solo grandezze matematiche senza importanza fisica (perchè non è mai possibile di far reagire una sola specie di ioni indipendentemente da altre specie) il loro impiego è sovente utile nell'interesse di una esposizione semplificata. Tanto più che una determinazione sperimentale approssimata di attività degli ioni è possibile in un modo semplicissimo dalla misura di catene di " concentrazione ionica ".

La forza elettromotrice di una catena galvanica

$$Pt, H_2 \mid \underset{c_2}{HCl} \parallel \underset{c_1}{HCl} \mid H_2, Pt$$

è data dopo eliminazione del potenziale di diffusione al limite dei due liquidi da

$$E = \frac{RT}{F} \ln \frac{(a_{H^\cdot})_2}{(a_{H^\cdot})_1} \qquad (11)$$

Una tale misura fornisce dunque direttamente la relazione fra le attività degli ioni d'idrogeno nelle due soluzioni di HCl e se nel caso che la diluizione fosse abbastanza grande si potrebbe calcolare teoricamente $(a_{H^\cdot})_1$ o meglio se $(a_{H^\cdot})_1$ fosse uguale alla concentrazione $(c_{H^\cdot})_1$, cioè alla concentrazione bruta (c_1) dell'acido cloridrico si avrebbe anche l'attività stessa degli ioni $(a_{H^\cdot})_2$. L'incertezza non molto considerevole allegata all'eliminazione dei potenziali di diffusione (confronta tav. 18 *C*, VII) non dovrà essere un ostacolo per l'applicazione della nozione semplice dell'attività ionica. Per questo si è fatto grande uso di questo concetto nella sezione *C* della tav. 18.

6. Debye e Hückel sono riusciti a calcolare teoricamente i coefficienti di attività ionica in soluzioni molto diluite. Si

---

[1]) G. N. LEWIS und M. RANDALL, Thermodynamik und die freie Energie chemischer Substanzen, deutsch von O. REDLICH. Berln 1927. — K. JELLINEK, Lehrbuch der physikalischen Chemie, Bd. 3, Stuttgart 1931. — H. FALKENHAGEN, Elektrolyte. Leipzig 1932.

ha per un elettrolita della specie 1, 2, ... i ..... s colle valenze n_1, n_2 ..... n_i, n_s e nelle concentrazioni c_1, c_2 ..... c_i ..... c_s

$$\lg f_i = - h \cdot n_i^2 \cdot \sqrt{\Sigma c_i \cdot n_i^2} \qquad (12)$$

Questa è la legge limite per il coefficiente di attività della specie di ioni i in grande diluizione, h dipende ancora dalla temperatura e dalla costante dielettrica del solvente. Per l'acqua come solvente vale $h_{0°} = 0{,}486$; $h_{18°} = 0{,}499$; $h_{25°} = 0{,}505$.

Per gli scopi pratici del chimico l'applicazione di questa legge limite non entra in considerazione (salvo scopi d'interpolazione vedi al punto 5) perchè già con concentrazioni ioniche,

$$\Gamma = \Sigma c_i n_i^2 \gtrless 0{,}01 \text{ Mol/litro}$$

si fanno sentire le deviazioni.

Con tali concentrazioni le proprietà individuali degli ioni non sono più da trascurare, come lo farebbe la legge limite.

7. Si è constatato empiricamente che anche con concentrazioni più alte il coefficiente di attività di una data specie di ioni ha un valore che dipende dalla concentrazione ionica totale Γ anche se la sua concentrazione relativa a Γ è piccola. Questa regola vale per importi di Γ sino ad alcuni decimi di Mol/litro e può essere applicata con approssimata esattezza anche oltre questi valori. La proporzionalità di lg f_i con $\sqrt{\Gamma}$ sorpassa nelle stesse condizioni ancora di molto la portata della legge limite. Finalmente il lg f_i di specie di ioni diversi sono sotto le medesime condizioni proporzionali al quadrato delle valenze delle specie considerate, come lo esige anche la legge limite per alte diluizioni.

TAVOLA 19.

Indicatori, Batmometria ottica, Colorimetria.

La tavola 19 contiene già le spiegazioni necessarie.

TAVOLA 20.

Termochimica.

I dati della sezione A derivano da una pubblicazione di F. Anerbach (Ztschr. f. Angew. Chem., 38, 449) e del Reichsminist.-Bl. 1924, pag. 335 e degli Ann. d. Phap. (4), 75, 853. I valori della sezione B sono estratti da Landolt-Börnstein, 5ª ediz. – Non necessitano di spiegazioni.

C *Calcolo degli equilibri chimici dai dati termochimici.*

Constatiamo la necessità sempre crescente di poter determinare per lo meno superficialmente la posizione di equilibrio chimico nei processi termici. La tavola 20 C ci aiuta a diffondere questo modo di calcolo e la sua applicazione è spiegata negli esempi seguenti.

1. Formazione dell'acido cloridrico dai suoi elementi:

$$H_2 + Cl_2 = 2\,HCl + 44000 \text{ cal.}$$

$$Q = +44000 \text{ cal.}$$

$$\Sigma_v = 2 - 2 = 0.$$

$$C_{H_2} = 1{,}6; \quad C_{Cl_2} = 3{,}1; \quad C_{HCl} = 3{,}0.$$

$$\Sigma\,(v.\ C) = 1 \times 1{,}6 + 1 \times 3{,}1 - 2 \times 3{,}0 = -1{,}3.$$

Calcolo di K_p per $T = 300°$ e per $T = 2000°$:

$$\lg K_{p\,300} = -\frac{44000}{4{,}57 \cdot 300} + 0 - 1{,}3 = -32{,}1 - 1{,}3 = -33{,}4$$

(sperimentalmente trovato: — 33,2).

$$\lg K_{p\,2000} = -\frac{44000}{4{,}57 \cdot 2000} + 0 - 1{,}3 = -4{,}8 - 1{,}3 = -6{,}1$$

(sperimentalmente trovato: — 5,8).

Ossidazione della grafite al CO_2:

$$C + O_2 = CO_2 + 94300 \text{ cal.}$$

$$Q \quad + 94300 \text{ cal.}$$

$$\Sigma \upsilon = 1 - 1 = 0$$

(il carbonio essendo qui un corpo solido non entra nel calcolo!)

$$C_{O_2} = 2{,}8; \quad C_{CO_2} = 3{,}2.$$

$$\Sigma\,(\text{v. C}) = 1 \times 2{,}8 - 1 \times 3{,}2 = -0{,}4.$$

Calcolo dell'equilibrio per T = 1300°:

$$\lg K_{p\,1300} = -\frac{94300}{4{,}57 \cdot 1300} - 0{,}4 = -15{,}9 - 0{,}4 = -16{,}3$$

(sperimentalmente trovato: — 15,6).

Nei due esempi menzionati l'equilibrio si trova spostato lontano nella direzione dei prodotti di reazione. D'altra parte con un valore fortemente positivo del $\lg K_p$ si potrebbe concludere che l'equilibrio della reazione sarebbe raggiunto dopo la formazione di una parte insignificante del prodotto di reazione.

TAVOLA 21.

Simboli di unità e di formole.

Le indicazioni della tavola 21 sono copiate dalla pubblicazione di I. Wallot: « AEF, Atti del Comitato per Unità e Simboli negli anni 1907-1027 ». (Springer, 1928).

TAVOLA 22.

Calcolo d'errore

ESEMPIO:

La densità di un liquido è stata misurata in dieci esperienze (Risultato delle misure : m).

No.	m	M	F	$f^2 \cdot 10^8$	f_m	F_m	f_W	F_W
1	1,1534		— 0,0006	36	$\sqrt{\frac{355 \cdot 10^{-8}}{10-1}} = \frac{18,8 \cdot 10^{-4}}{3} = 0,00063$	$\sqrt{\frac{355 \cdot 10^{-8}}{10(10-1)}} = \frac{18,8 \cdot 10^{-4}}{9,5} = 0,00020$	$2/3 \cdot 0,00063 = 0,00042$	$2/3 \cdot 0,00020 = 0,00013$
2	1,1539		— 0,0001	1				
3	1,1537		— 0,0003	9				
4	1,1542	$\frac{11,5401}{10}$	+ 0,0002	4				
n = 10 5	1,1548		+ 0,0008	64				
6	1,1545		+ 0,0005	25				
7	1,1550	= 1,1540	+ 0,0010	100				
8	1,1536		— 0,0004	16				
9	1 1530		— 0,0010	100				
10	1,1540		± 0,0000	0				

Somma: 11,5401 $10^8 \cdot \Sigma(f^2) = 355$

Dunque: $E_m = 1,1540 \pm 0,00020$

$E_W = 1,1540 \pm 0,00013$

Quando si deve mettere per certe misure un peso differente (p) si avrà lo schema seguente:

No.	p	m	m · p	M	f	$10^8 \cdot f^2$	$10^8 \cdot pf^2$	f_m	F_m
1	1	1,1534	1,1534		— 0,0006	36	36	$\sqrt{\frac{311,5 \cdot 10^{-8}}{(10-1) \cdot p}} = \frac{17,6 \cdot 10^{-4}}{3} = 0,00059$ (per p = 1)	$\sqrt{\frac{311,5 \cdot 10^{-8}}{(10-1 - 11,75)}} = \frac{17,6 \cdot 10^{-4}}{10,28} = 0,00017$
2	2	1,1539	2,3078		— 0,0001	1	2		
3	$^1/_2$	1,1537	0,5769		— 0,0003	9	4,5		
4	3	1,1542	3,4626	$\frac{13,5595}{11,75}$	+ 0,0002	4	12		
5	$^1/_4$	1,1548	0,2887		+ 0,0008	64	16		
6	1	1,1545	1,1545		+ 0,0005	25	25		
7	1	1,1550	1,1550	= 1,1540	+ 0,0010	100	100		
8	1	1,1536	1,1536		— 0,0004	16	16		
9	1	1,1530	1,1530		— 0,0010	100	100		
10	1	1,1540	1,1540		± 0,0000	0	0		

$\Sigma(p) = 11\,^3/_4$; $\Sigma(m \cdot p) = 13,5595$ $10^8 \cdot \Sigma[(p \cdot f^2)] = 311,5$
(in luogo di n)

Perciò $E_m = 1,1540 \pm 0,00018$ (e corrispondentemente anche E_W).

TAVOLA 23. Calcolo di compensazione

ESEMPIO: (Comunicazione privata delle esperienze del D. G. Bruhns).

La separazione del Rame di un liquore del Fehling collo zucchero di canna con dei tenori differenti di zucchero invertito è stata determinata con sei determinazioni, mediante Tiosolfato. Si deve stabilire secondo questi, una equazione che permette la determinazione di differenti tenori di zucchero invertito dalla quantità impiegata di Tiosolfato.

x sono i tenori in zucchero invertito conosciuti (scelti in numeri interi) y sono i ccm del tiosolfato impiegato.

Equazione: $y = a + bx + cx^2$ $n = 6$

y	x	x^2	x^3	x^4	xy	x^2y
0 81	0	0	0	0	0	0
3,12	1	1	1	1	3,12	3,12
5 37	2	4	8	16	10,74	21,48
9,41	4	16	64	256	37,64	150,56
13,34	6	36	216	1296	80,04	480,24
16,96	8	64	512	4096	135,68	1085,44
49,01 $= \Sigma y$	21 $= \Sigma x$	121 $= \Sigma x^2$	801 $= \Sigma x^3$	5665 $= \Sigma x^4$	267,22 $= \Sigma xy$	1740,84 $= \Sigma x^2 y$

Equazioni: $49{,}01 = 6\,a + 21\,b + 121\,c$ (I)

$267{,}22 = 21\,a + 121\,b + 801\,c$ (II)

$1740{,}84 = 121\,a + 801\,b + 5665\,c$ (III).

da I e II: $95\,b + 755\,c = 191{,}37$ (IV)

da I e III: $2265\,b + 19349\,c = 4514{,}83$ (V)

da IV e V: $128080\,c = -4544{,}20$

$c = -0{,}03548.$

Questo introdotto nella IV dà

$95\,b = 218{,}1574,$ $b = 2{,}2964.$

Finalmente l'introduzione dei valori c e b in I;

$6\,a = 5{,}07868,$ $a = 0{,}8464.$

L'equazione cercata è dunque:

$$y = 0{,}8464 + 2{,}2964\,x - 0{,}03548\,x^2$$

e fornisce in confronto alle osservazioni i seguenti valori:

% zucchero invertito	cm^3 Tiosolfato	
	calcolato	trovato
0	0,85	0,81
1	3,11	3,12
2	5,30	5,37
4	9,46	9,41
6	13,35	13,34
8	16,95	16,96

TAVOLA 24

Calcoli ausiliari.

Le spiegazioni necessarie sono date nella tavola.

TAVOLA 25

Unità e costanti frequentemente usate

La tavola 25 non ha bisogno di altre spiegazioni oltre quelle riferite.

Essa contiene i valori recentissimi della 5ª edizione di Landolt-Börnstein.

Alcuni valori precedentemente indicati in questa tavola, si trovano adesso nella tavola 24 (pag. 113).

Mantisse a cinque cifre

per i

logaritmi decadici

di tutti i numeri a quattro cifre da 1000-9999 con parti proporzionali, per numeri arbitrari

N.	L.	0	1	2	3	4	5	6	7	8	9
100	00	000	043	087	130	173	217	260	303	346	389
101		432	475	518	561	604	647	689	732	775	817
102		860	903	945	988	*030	*072	*115	*157	*199	*242
103	01	284	326	368	410	452	494	536	578	620	662
104		703	745	787	828	870	912	953	995	*036	*078
105	02	119	160	202	243	284	325	366	407	449	490
106		531	572	612	653	694	735	776	816	857	898
107		938	979	*019	*060	*100	*141	*181	*222	*262	*302
108	03	342	383	423	463	503	543	583	623	663	703
109		743	782	822	862	902	941	981	*021	*060	*100
110	04	139	179	218	258	297	336	376	415	454	493
111		532	571	610	650	689	727	766	805	844	883
112		922	961	999	*038	*077	*115	*154	*192	*231	*269
113	05	308	346	385	423	461	500	538	576	614	652
114		690	729	767	805	843	881	918	956	994	*032
115	06	070	108	145	183	221	258	296	333	371	408
116		446	483	521	558	595	633	670	707	744	781
117		819	856	893	930	967	*004	*041	*078	*115	*151
118	07	188	225	262	298	335	372	408	445	482	518
119		555	591	628	664	700	737	773	809	846	882
120		918	954	990	*027	*063	*099	*135	*171	*207	*243
121	08	279	314	350	386	422	458	493	529	565	600
122		636	672	707	743	778	814	849	884	920	955
123		991	*026	*061	*096	*132	*167	*202	*237	*272	*307
124	09	342	377	412	447	482	517	552	587	621	656
125		691	726	760	795	830	864	899	934	968	*003
126	10	037	072	106	140	175	209	243	278	312	346
127		380	415	449	483	517	551	585	619	653	687
128		721	755	789	823	857	890	924	958	992	*025
129	11	059	093	126	160	193	227	261	294	327	361
130		394	428	461	494	528	561	594	628	661	694
131		727	760	793	826	860	893	926	959	992	*024
132	12	057	090	123	156	189	222	254	287	320	352
133		385	418	450	483	516	548	581	613	646	678
134		710	743	775	808	840	872	905	937	969	*001
N.	L.	0	1	2	3	4	5	6	7	8	9

P. P.

	44	43	42
1	4,4	4,3	4,2
2	8,8	8,6	8,4
3	13,2	12,9	12,6
4	17,6	17,2	16,8
5	22,0	21,5	21,0
6	26,4	25,8	25,2
7	30,8	30,1	29,4
8	35,2	34,4	33,6
9	39,6	38,7	37,8
	41	**40**	**39**
1	4,1	4,0	3,9
2	8,2	8,0	7,8
3	12,3	12,0	11,7
4	16,4	16,0	15,6
5	20,5	20,0	19,5
6	24,6	24,0	23,4
7	28,7	28,0	27,3
8	32,8	32,0	31,2
9	36,9	36,0	35,1
	38	**37**	**36**
1	3,8	3,7	3,6
2	7,6	7,4	7,2
3	11,4	11,1	10,8
4	15,2	14,8	14,4
5	19,0	18,5	18,0
6	22,8	22,2	21,6
7	26,6	25,9	25,2
8	30,4	29,6	28,8
9	34,2	33,3	32,4
	35	**34**	**33**
1	3,5	3,4	3,3
2	7,0	6,8	6,6
3	10,5	10,2	9,9
4	14,0	13,6	13,2
5	17,5	17,0	16,5
6	21,0	20,4	19,8
7	24,5	23,8	23,1
8	28,0	27,2	26,4
9	31,5	30,6	29,7

P. P.

N.	L.	0	1	2	3	4	5	6	7	8	9
135	13	033	066	098	130	162	194	226	258	290	322
136		354	386	418	450	481	513	545	577	609	640
137		672	704	735	767	799	830	862	893	925	956
138		988	*019	*051	*082	*114	*145	*176	*208	*239	*270
139	14	301	333	364	395	426	457	489	520	551	582
140		613	644	675	706	737	768	799	829	860	891
141		922	953	983	*014	*045	*076	*106	*137	*168	*198
142	15	229	259	290	320	351	381	412	442	473	503
143		534	564	594	625	655	685	715	746	776	806
144		836	866	897	927	957	987	*017	*047	*077	*107
145	16	137	167	197	227	256	286	316	346	376	406
146		435	465	495	524	554	584	613	643	673	702
147		732	761	791	820	850	879	909	938	967	997
148	17	026	056	085	114	143	173	202	281	260	289
149		319	348	377	406	435	464	493	522	551	580
150		609	638	667	696	725	754	782	811	840	869
151		898	926	955	984	*013	*041	*070	*099	*127	*156
152	18	184	213	241	270	298	327	355	384	412	441
153		469	498	526	554	583	611	639	667	696	724
154		752	780	808	837	865	893	921	949	977	*005
155	19	033	061	089	117	145	173	201	229	257	285
156		312	340	368	396	424	451	479	507	535	562
157		590	618	645	673	700	728	756	783	811	838
158		866	893	921	948	976	*003	*030	*058	*085	*112
159	20	140	167	194	222	249	276	303	330	358	385
160		412	439	466	493	520	548	575	602	629	656
161		683	710	737	763	790	817	844	871	898	925
162		952	978	*005	*032	*059	*085	*112	*139	*165	*192
163	21	219	245	272	299	325	352	378	405	431	458
164		484	511	537	564	590	617	643	669	696	722
165		748	775	801	827	854	880	906	932	958	985
166	22	011	037	063	089	115	141	167	194	220	246
167		272	298	324	350	376	401	427	453	479	505
168		531	557	583	608	634	660	686	712	737	763
169		789	814	840	866	891	917	943	968	994	*019
N.	L.	0	1	2	3	4	5	6	7	8	9

P. P.

	32	31
1	3,2	3,1
2	6,4	6,2
3	9,6	9,3
4	12,8	12,4
5	16,0	15,5
6	19,2	18,6
7	22,4	21,7
8	25,6	24,8
9	28,8	27,9

	30	29
1	3,0	2,9
2	6,0	5,8
3	9,0	8,7
4	12,0	11,6
5	15,0	14,5
6	18,0	17,4
7	21,0	20,3
8	24,0	23,2
9	27,0	26,1

	28	27
1	2,8	2,7
2	5,6	5,4
3	8,4	8,1
4	11,2	10,8
5	14,0	13,5
6	16,8	16,2
7	19,6	18,9
8	22,4	21,6
9	25,2	24,3

	26
1	2,6
2	5,2
3	7,8
4	10,4
5	13,0
6	15,6
7	18,2
8	20,8
9	23,4

P. P.

N.	L.	0	1	2	3	4	5	6	7	8	9
170	23	045	070	096	121	147	172	198	223	249	274
171		300	325	350	376	401	426	452	477	502	528
172		553	578	603	629	654	679	704	729	754	779
173		805	830	855	880	905	930	955	980	*005	*030
174	24	055	080	105	130	155	180	204	229	254	279
175		304	329	353	378	403	428	452	477	502	527
176		551	576	601	625	650	674	699	724	748	773
177		797	822	846	871	895	920	944	969	993	*018
178	25	042	066	091	115	139	164	188	212	237	261
179		285	310	334	358	382	406	431	455	479	503
180		527	551	575	600	624	648	672	696	720	744
181		768	792	816	840	864	888	912	935	959	983
182	26	007	031	055	079	102	126	150	174	198	221
183		245	269	293	316	340	364	387	411	435	458
184		482	505	529	553	576	600	623	647	670	694
185		717	741	764	788	811	834	858	881	905	928
186		951	975	998	*021	*045	*068	*091	*114	*138	*161
187	27	184	207	231	254	277	300	323	346	370	393
188		416	439	462	485	508	531	554	577	600	623
189		646	669	692	715	738	761	784	807	830	852
190		875	898	921	944	967	989	*012	*035	*058	*081
191	28	103	126	149	171	194	217	240	262	285	307
192		330	353	375	398	421	443	466	488	511	533
193		556	578	601	623	646	668	691	713	735	758
194		780	803	825	847	870	892	914	937	959	981
195	29	003	026	048	070	092	115	137	159	181	203
196		226	248	270	292	314	336	358	380	403	425
197		447	469	491	513	535	557	579	601	623	645
198		667	688	710	732	754	776	798	820	842	863
199		885	907	929	951	973	994	*016	*038	*060	*081
200	30	103	125	146	168	190	211	233	255	276	298
201		320	341	363	384	406	428	449	471	492	514
202		535	557	578	600	621	643	664	685	707	728
203		750	771	792	814	835	856	878	899	920	942
204		963	984	*006	*027	*048	*069	*091	*112	*133	*154
N.	L.	0	1	2	3	4	5	6	7	8	9

P. P.

	26	25
1	2,6	2,5
2	5,2	5,0
3	7,8	7,5
4	10,4	10,0
5	13,0	12,5
6	15,6	15,0
7	18,2	17,5
8	20,8	20,0
9	23,4	22,5

	24	23
1	2,4	2,3
2	4,8	4,6
3	7,2	6,9
4	9,6	9,2
5	12,0	11,5
6	14,4	13,8
7	16,8	16,1
8	19,2	18,4
9	21,6	20,7

	22	21
1	2,2	2,1
2	4,4	4,2
3	6,6	6,3
4	8,8	8,4
5	11,0	10,5
6	13,2	12,6
7	15,4	14,7
8	17,6	16,8
9	19,8	18,9

P. P.

N.	L.	0	1	2	3	4	5	6	7	8	9
205	31	175	197	218	239	260	281	302	323	345	366
206		387	408	429	450	471	492	513	534	555	576
207		597	618	639	660	681	702	723	744	765	785
208		806	827	848	869	890	911	931	952	973	994
209	32	015	035	056	077	098	118	139	160	181	201
210		222	243	263	284	305	325	346	366	387	408
211		428	449	469	490	510	531	552	572	593	613
212		634	654	675	695	715	736	756	777	797	818
213		838	858	879	899	919	940	960	980	*001	*021
214	33	041	062	082	102	122	143	163	183	203	224
215		244	264	284	304	325	345	365	385	405	425
216		445	465	486	506	526	546	566	586	606	626
217		646	666	686	706	726	746	766	786	806	826
218		846	866	885	905	925	945	965	985	*005	*025
219	34	044	064	084	104	124	143	163	183	203	223
220		242	262	282	301	321	341	361	380	400	420
221		439	459	479	498	518	537	557	577	596	616
222		635	655	674	694	713	733	753	772	792	811
223		830	850	869	889	908	928	947	967	986	*005
224	35	025	044	064	083	102	122	141	160	180	199
225		218	238	257	276	295	315	334	353	372	392
226		411	430	449	468	488	507	526	545	564	583
227		603	622	641	660	679	698	717	736	755	774
228		793	813	832	851	870	889	908	927	946	965
229		984	*003	*021	*040	*059	*078	*097	*116	*135	*154
230	36	173	192	211	229	248	267	286	305	324	342
231		361	380	399	418	436	455	474	493	511	530
232		549	568	586	605	624	642	661	680	698	717
233		736	754	773	791	810	829	847	866	884	903
234		922	940	959	977	996	*014	*033	*051	*070	*088
235	37	107	125	144	162	181	199	218	236	254	273
236		291	310	328	346	365	383	401	420	438	457
237		475	493	511	530	548	566	585	603	621	639
238		658	676	694	712	781	749	767	785	803	822
239		840	858	876	894	912	931	949	967	985	*003
N.	L.	0	1	2	3	4	5	6	7	8	9

P. P.	21	20	19	18
1	2,1	2,0	1,9	1,8
2	4,2	4,0	3,8	3,6
3	6,3	6,0	5,7	5,4
4	8,4	8,0	7,6	7,2
5	10,5	10,0	9,5	9,0
6	12,6	12,0	11,4	10,8
7	14,7	14,0	13,3	12,6
8	16,8	16,0	15,2	14,4
9	18,9	18,0	17,1	16,2

N.	L.	0	1	2	3	4	5	6	7	8	9
240	38	021	039	057	075	093	112	130	148	166	184
241		202	220	238	256	274	292	310	328	346	364
242		382	399	417	435	453	471	489	507	525	543
243		561	578	596	614	632	650	668	686	703	721
244		739	757	775	792	810	828	846	863	881	899
245		917	934	952	970	987	*005	*023	*041	*058	*076
246	39	094	111	129	146	164	182	199	217	235	252
247		270	287	305	322	340	358	375	393	410	428
248		445	463	480	498	515	533	550	568	585	602
249		620	637	655	672	690	707	724	742	759	777
250		794	811	829	846	863	881	898	915	933	950
251		967	985	*002	*019	*037	*054	*071	*088	*106	*123
252	40	140	157	175	192	209	226	243	261	278	295
253		312	329	346	364	381	398	415	432	449	466
254		483	500	518	535	552	569	586	603	620	637
255		654	671	688	705	722	739	756	773	790	807
256		824	841	858	875	892	909	926	943	960	976
257		993	*010	*027	*044	*061	*078	*095	*111	*128	*145
258	41	162	179	196	212	229	246	263	280	296	313
259		330	347	363	380	397	414	430	447	464	481
260		497	514	531	547	564	581	597	614	631	647
261		664	681	697	714	731	747	764	780	797	814
262		830	847	863	880	896	913	929	946	963	979
263		996	*012	*029	*045	*062	*078	*095	*111	*127	*144
264	42	160	177	193	210	226	243	259	275	292	308
265		325	341	357	374	390	406	423	439	455	472
266		488	504	521	537	553	570	586	602	619	635
267		651	667	684	700	716	732	749	765	781	797
268		813	830	846	862	878	894	911	927	943	959
269		975	991	*008	*024	*040	*056	*072	*088	*104	*120
270	43	136	152	169	185	201	217	233	249	265	281
271		297	313	329	345	361	377	393	409	425	441
272		457	473	489	505	521	537	553	569	584	600
273		616	632	648	664	680	696	712	727	743	759
274		775	791	807	823	838	854	870	886	902	917
N.	L.	0	1	2	3	4	5	6	7	8	9

P. P.	19	18	17	16
1	1,9	1,8	1,7	1,6
2	3,8	3,6	3,4	3,2
3	5,7	5,4	5,1	4,8
4	7,6	7,2	6,8	6,4
5	9,5	9,0	8,5	8,0
6	11,4	10,8	10,2	9,6
7	13,3	12,6	11,9	11,2
8	15,2	14,4	13,6	12,8
9	17,1	16,2	15,3	14,4

N.	L.	0	1	2	3	4	5	6	7	8	9
275	43	933	949	965	981	996	*012	*028	*044	*059	*075
276	44	091	107	122	138	154	170	185	201	217	232
277		248	264	279	295	311	326	342	358	373	389
278		404	420	436	451	467	483	498	514	529	545
279		560	576	592	607	623	638	654	669	685	700
280		716	731	747	762	778	793	809	824	840	855
281		871	886	902	917	932	948	963	979	994	*010
282	45	025	040	056	071	086	102	117	133	148	163
283		179	194	209	225	240	255	271	286	301	317
284		332	347	362	378	393	408	423	439	454	469
285		484	500	515	530	545	561	576	591	606	621
286		637	652	667	682	697	712	728	743	758	773
287		788	803	818	834	849	864	879	894	909	924
288		939	954	969	984	*000	*015	*030	*045	*060	*075
289	46	090	105	120	135	150	165	180	195	210	225
290		240	255	270	285	300	315	330	345	359	374
291		389	404	419	434	449	464	479	494	509	523
292		538	553	568	583	598	613	627	642	657	672
293		687	702	716	731	746	761	776	790	805	820
294		835	850	864	879	894	909	923	938	953	967
295		982	997	*012	*026	*041	*056	*070	*085	*100	*114
296	47	129	144	159	173	188	202	217	232	246	261
297		276	290	305	319	334	349	363	378	392	407
298		422	436	451	465	480	494	509	524	538	553
299		567	582	596	611	625	640	654	669	683	698
300		712	727	741	756	770	784	799	813	828	842
301		857	871	885	900	914	929	943	958	972	986
302	48	001	015	029	044	058	073	087	101	116	130
303		144	159	173	187	202	216	230	244	259	273
304		287	302	316	330	344	359	373	387	401	416
305		430	444	458	473	487	501	515	530	544	558
306		572	586	601	615	629	643	657	671	686	700
307		714	728	742	756	770	785	799	813	827	841
308		855	869	883	897	911	926	940	954	968	982
309		996	*010	*024	*038	*052	*066	*080	*094	*108	*122
N.	L.	0	1	2	3	4	5	6	7	8	9

P. P.

	16
1	1,6
2	3,2
3	4,8
4	6,4
5	8,0
6	9,6
7	11,2
8	12,8
9	14,4

	15
1	1,5
2	3,0
3	4,5
4	6,0
5	7,5
6	9,0
7	10,5
8	12,0
9	13,5

	14
1	1,4
2	2,8
3	4,2
4	5,6
5	7,0
6	8,4
7	9,8
8	11,2
9	12,6

P. P.

N.	L.	0	1	2	3	4	5	6	7	8	9
310	49	136	150	164	178	192	206	220	234	248	262
311		276	290	304	318	332	346	360	374	388	402
312		415	429	443	457	471	485	499	513	527	541
313		554	568	582	596	610	624	638	651	665	679
314		693	707	721	734	748	762	776	790	803	817
315		831	845	859	872	886	900	914	927	941	955
316		969	982	996	*010	*024	*037	*051	*065	*079	*092
317	50	106	120	133	147	161	174	188	202	215	229
318		243	256	270	284	297	311	325	338	352	365
319		379	393	406	420	433	447	461	474	488	501
320		515	529	542	556	569	583	596	610	623	637
321		651	664	678	691	705	718	732	745	759	772
322		786	799	813	826	840	853	866	880	893	907
323		920	934	947	961	974	987	*001	*014	*028	*041
324	51	055	068	081	095	108	121	135	148	162	175
325		188	202	215	228	242	255	268	282	295	308
326		322	335	348	362	375	388	402	415	428	441
327		455	468	481	495	508	521	534	548	561	574
328		587	601	614	627	640	654	667	680	693	706
329		720	733	746	759	772	786	799	812	825	838
330		851	865	878	891	904	917	930	943	957	970
331		983	996	*009	*022	*035	*048	*061	*075	*088	*101
332	52	114	127	140	153	166	179	192	205	218	231
333		244	257	270	284	297	310	323	336	349	362
334		375	388	401	414	427	440	453	466	479	492
335		504	517	530	543	556	569	582	595	608	621
336		634	647	660	673	686	699	711	724	737	750
337		763	776	789	802	815	827	840	853	866	879
338		892	905	917	930	943	956	969	982	994	*007
339	53	020	033	046	058	071	084	097	110	122	135
340		148	161	173	186	199	212	224	237	250	263
341		275	288	301	314	326	339	352	364	377	390
342		403	415	428	441	453	466	479	491	504	517
343		529	542	555	567	580	593	605	618	631	643
344		656	668	681	694	706	719	732	744	757	769
N.	L. 0	1	2	3	4	5	6	7	8	9	

P. P.

	14
1	1,4
2	2,8
3	4,2
4	5,6
5	7,0
6	8,4
7	9,8
8	11,2
9	12,6

	13
1	1,3
2	2,6
3	3,9
4	5,2
5	6,5
6	7,8
7	9,1
8	10,4
9	11,7

P. P.

N.	L.	0	1	2	3	4	5	6	7	8	9
345	53	782	794	807	820	832	845	857	870	882	895
346		908	920	933	945	958	970	983	995	*008	*020
347	54	033	045	058	070	083	095	108	120	133	145
348		158	170	183	195	208	220	233	245	258	270
349		283	295	307	320	332	345	357	370	382	394
350		407	419	432	444	456	469	481	494	506	518
351		531	543	555	568	580	593	605	617	630	642
352		654	667	679	691	704	716	728	741	753	765
353		777	790	802	814	827	839	851	864	876	888
354		900	913	925	937	949	962	974	986	998	*011
355	55	023	035	047	060	072	084	096	108	121	133
356		145	157	169	182	194	206	218	230	242	255
357		267	279	291	303	315	328	340	352	364	376
358		388	400	413	425	437	449	461	473	485	497
359		509	522	534	546	558	570	582	594	606	618
360		630	642	654	666	678	691	703	715	727	739
361		751	763	775	787	799	811	823	835	847	859
362		871	883	895	907	919	931	943	955	967	979
363		991	*003	*015	*027	*038	*050	*062	*074	*086	*098
364	56	110	122	134	146	158	170	182	194	205	217
365		229	241	253	265	277	289	301	312	324	336
366		348	360	372	384	396	407	419	431	443	455
367		467	478	490	502	514	526	538	549	561	573
368		585	597	608	620	632	644	656	667	679	691
369		703	714	726	738	750	761	773	785	797	808
370		820	832	844	855	867	879	891	902	914	926
371		937	949	961	972	984	996	*008	*019	*031	*043
372	57	054	066	078	089	101	113	124	136	148	159
373		171	183	194	206	217	229	241	252	264	276
374		287	299	310	322	334	345	357	368	380	392
375		403	415	426	438	449	461	473	484	496	507
376		519	530	542	553	565	576	588	600	611	623
377		634	646	657	669	680	692	703	715	726	738
378		749	761	772	784	795	807	818	830	841	852
379		864	875	887	898	910	921	933	944	955	967

P. P.

	13	12	11
1	1,3	1,2	1,1
2	2,6	2,4	2,2
3	3,9	3,6	3,3
4	5,2	4,8	4,4
5	6,5	6,0	5,5
6	7,8	7,2	6,6
7	9,1	8,4	7,7
8	10,4	9,6	8,8
9	11,7	10,8	9,9

N.	L.	0	1	2	3	4	5	6	7	8	9
380	57	978	990	*001	*013	*024	*035	*047	*058	*070	*081
381	58	092	104	115	127	138	149	161	172	184	195
382		206	218	229	240	252	263	274	286	297	309
383		320	331	343	354	365	377	388	399	410	422
384		433	444	456	467	478	490	501	512	524	535
385		546	557	569	580	591	602	614	625	636	647
386		659	670	681	692	704	715	726	737	749	760
387		771	782	794	805	816	827	838	850	861	872
388		883	894	906	917	928	939	950	961	973	984
389		995	*006	*017	*028	*040	*051	*062	*073	*084	*095
390	59	106	118	129	140	151	162	173	184	195	207
391		218	229	240	251	262	273	284	295	306	318
392		329	340	351	362	373	384	395	406	417	428
393		439	450	461	472	483	494	506	517	528	539
394		550	561	572	583	594	605	616	627	638	649
395		660	671	682	693	704	715	726	737	748	759
396		770	780	791	802	813	824	835	846	857	868
397		879	890	901	912	923	934	945	956	966	977
398		988	999	*010	*021	*032	*043	*054	*065	*076	*086
399	60	097	108	119	130	141	152	163	173	184	195
400		206	217	228	239	249	260	271	282	293	304
401		314	325	336	347	358	369	379	390	401	412
402		423	433	444	455	466	477	487	498	509	520
403		531	541	552	563	574	584	595	606	617	627
404		638	649	660	670	681	692	703	713	724	735
405		746	756	767	778	788	799	810	821	831	842
406		853	863	874	885	895	906	917	927	938	949
407		959	970	981	991	*002	*013	*023	*034	*045	*055
408	61	066	077	087	098	109	119	130	140	151	162
409		172	183	194	204	215	225	236	247	257	268
410		278	289	300	310	321	331	342	352	363	374
411		384	395	405	416	426	437	448	458	469	479
412		490	500	511	521	532	542	553	563	574	584
413		595	606	616	627	637	648	658	669	679	690
414		700	711	721	731	742	752	763	773	784	794
N.	L. 0		1	2	3	4	5	6	7	8	9

P. P.

	12
1	1,2
2	2,4
3	3,6
4	4,8
5	6,0
6	7,2
7	8,4
8	9,6
9	10,8

	11
1	1,1
2	2,2
3	3,3
4	4,4
5	5,5
6	6,6
7	7,7
8	8,8
9	9,9

P. P.

N.	L.	0	1	2	3	4	5	6	7	8	9
415	61	805	815	826	836	847	857	868	878	888	899
416		909	920	930	941	951	962	972	982	993	*003
417	62	014	024	034	045	055	066	076	086	097	107
418		118	128	138	149	159	170	180	190	201	211
419		221	232	242	252	263	273	284	294	304	315
420		325	335	346	356	366	377	387	397	408	418
421		428	439	449	459	469	480	490	500	511	521
422		531	542	552	562	572	583	593	603	613	624
423		634	644	655	665	675	685	696	706	716	726
424		737	747	757	767	778	788	798	808	818	829
425		839	849	859	870	880	890	900	910	921	931
426		941	951	961	972	982	992	*002	*012	*022	*033
427	63	043	053	063	073	083	094	104	114	124	134
428		144	155	165	175	185	195	205	215	225	236
429		246	256	266	276	286	296	306	317	327	337
430		347	357	367	377	387	397	407	417	428	438
431		448	458	468	478	488	498	508	518	528	538
432		548	558	568	579	589	599	609	619	629	639
433		649	659	669	679	689	699	709	719	729	739
434		749	759	769	779	789	799	809	819	829	839
435		849	859	869	879	889	899	909	919	929	939
436		949	959	969	979	988	998	*008	*018	*028	*038
437	64	048	058	068	078	088	098	108	118	128	137
438		147	157	167	177	187	197	207	217	227	237
439		246	256	266	276	286	296	306	316	326	335
440		345	355	365	375	385	395	404	414	424	434
441		444	454	464	473	483	493	503	513	523	532
442		542	552	562	572	582	591	601	611	621	631
443		640	650	660	670	680	689	699	709	719	729
444		738	748	758	768	777	787	797	807	816	826
445		836	846	856	865	875	885	895	904	914	924
446		933	943	953	963	972	982	992	*002	*011	*021
447	65	031	040	050	060	070	079	089	099	108	118
448		128	137	147	157	167	176	186	196	205	215
449		225	234	244	254	263	273	283	292	302	312
N.	L.	0	1	2	3	4	5	6	7	8	9

P. P.

	11
1	1,1
2	2,2
3	3,3
4	4,4
5	5,5
6	6,6
7	7,7
8	8,8
9	9,9

	10
1	1,0
2	2,0
3	3,0
4	4,0
5	5,0
6	6,0
7	7,0
8	8,0
9	9,0

	9
1	0,9
2	1,8
3	2,7
4	3,6
5	4,5
6	5,4
7	6,3
8	7,2
9	8,1

P. P.

N.	L.	0	1	2	3	4	5	6	7	8	9
450	65	321	331	341	350	360	369	379	389	398	408
451		418	427	437	447	456	466	475	485	495	504
452		514	523	533	543	552	562	571	581	591	600
453		610	619	629	639	648	658	667	677	686	696
454		706	715	725	734	744	753	763	772	782	792
455		801	811	820	830	839	849	858	868	877	887
456		896	906	916	925	935	944	954	963	973	982
457		992	*001	*011	*020	*030	*039	*049	*058	*068	*077
458	66	087	096	106	115	124	134	143	153	162	172
459		181	191	200	210	219	229	238	247	257	266
460		276	285	295	304	314	323	332	342	351	361
461		370	380	389	398	408	417	427	436	445	455
462		464	474	483	492	502	511	521	530	539	549
463		558	567	577	586	596	605	614	624	633	642
464		652	661	671	680	689	699	708	717	727	736
465		745	755	764	773	783	792	801	811	820	829
466		839	848	857	867	876	885	894	904	913	922
467		932	941	950	960	969	978	987	997	*006	*015
468	67	025	034	043	052	062	071	080	089	099	108
469		117	127	136	145	154	164	173	182	191	201
470		210	219	228	237	247	256	265	274	284	293
471		302	311	321	330	339	348	357	367	376	385
472		394	403	413	422	431	440	449	459	468	477
473		486	495	504	514	523	532	541	550	560	569
474		578	587	596	605	614	624	633	642	651	660
475		669	679	688	697	706	715	724	733	742	752
476		761	770	779	788	797	806	815	825	834	843
477		852	861	870	879	888	897	906	916	925	934
478		943	952	961	970	979	988	997	*006	*015	*024
479	68	034	043	052	061	070	079	088	097	106	115
480		124	133	142	151	160	169	178	187	196	205
481		215	224	233	242	251	260	269	278	287	296
482		305	314	323	332	341	350	359	368	377	386
483		395	404	413	422	431	440	449	458	467	476
484		485	494	502	511	520	529	538	547	556	565
N.	L.	0	1	2	3	4	5	6	7	8	9

P. P.

	10
1	1,0
2	2,0
3	3,0
4	4,0
5	5,0
6	6,0
7	7,0
8	8,0
9	9,0

	9
1	0,9
2	1,8
3	2,7
4	3,6
5	4,5
6	5,4
7	6,3
8	7,2
9	8,1

P. P.

N.	L.	0	1	2	3	4	5	6	7	8	9
485	68	574	583	592	601	610	619	628	637	64	655
486		664	673	681	690	699	708	717	726	735	744
487		753	762	771	780	789	797	806	815	824	833
488		842	851	860	869	878	886	895	904	913	922
489		931	940	949	958	966	975	984	993	*002	*011
490	69	020	028	037	046	055	064	073	082	090	099
491		108	117	126	135	144	152	161	170	179	188
492		197	205	214	223	232	241	249	258	267	276
493		285	294	302	311	320	329	338	346	355	364
494		373	381	390	399	408	417	425	434	443	452
495		461	469	478	487	496	504	513	522	531	539
496		548	557	566	574	583	592	601	609	618	627
497		636	644	653	662	671	679	688	697	705	714
498		723	732	740	749	758	767	775	784	793	801
499		810	819	827	836	845	854	862	871	880	888
500		897	906	914	923	932	940	949	958	966	975
501		984	992	*001	*010	*018	*027	*036	*044	*053	*062
502	70	070	079	088	096	105	114	122	131	140	148
503		157	165	174	183	191	200	209	217	226	234
504		243	252	260	269	278	286	295	303	312	321
505		329	338	346	355	364	372	381	389	398	406
506		415	424	432	441	449	458	467	475	484	492
507		501	509	518	526	535	544	552	561	569	578
508		586	595	603	612	621	629	638	646	655	663
509		672	680	689	697	706	714	723	731	740	749
510		757	766	774	783	791	800	808	817	825	834
511		842	851	859	868	876	885	893	902	910	919
512		927	935	944	952	961	969	978	986	995	*003
513	71	012	020	029	037	046	054	063	071	079	088
514		096	105	113	122	130	139	147	155	164	172
515		181	189	198	206	214	223	231	240	248	257
516		265	273	282	290	299	307	315	324	332	341
517		349	357	366	374	383	391	399	408	416	425
518		433	441	450	458	466	475	483	492	500	508
519		517	525	533	542	550	559	567	575	584	592
N.	L.	0	1	2	3	4	5	6	7	8	9

P. P.

	9
1	0,9
2	1,8
3	2,7
4	3,6
5	4,5
6	5,4
7	6,3
8	7,2
9	8,1

	8
1	0,8
2	1,6
3	2,4
4	3,2
5	4,0
6	4,8
7	5,6
8	6,4
9	7,2

N.	L.	0	1	2	3	4	5	6	7	8	9
520	71	600	609	617	625	634	642	650	659	667	675
521		684	692	700	709	717	725	734	742	750	759
522		767	775	784	792	800	809	817	825	834	842
523		850	858	867	875	883	892	900	908	917	925
524		933	941	950	958	966	975	983	991	999	*008
525	72	016	024	032	041	049	057	066	074	082	090
526		099	107	115	123	132	140	148	156	165	173
527		181	189	198	206	214	222	230	239	247	255
528		263	272	280	288	296	304	313	321	329	337
529		346	354	362	370	378	387	395	403	411	419
530		428	436	444	452	460	469	477	485	493	501
531		509	518	526	534	542	550	558	567	575	583
532		591	599	607	616	624	632	640	648	656	665
533		673	681	689	697	705	713	722	730	738	746
534		754	762	770	779	787	795	803	811	819	827
535		835	843	852	860	868	876	884	892	900	908
536		916	925	933	941	949	957	965	973	981	989
537		997	*006	*014	*022	*030	*038	*046	*054	*062	*070
538	73	078	086	094	102	111	119	127	135	143	151
539		159	167	175	183	191	199	207	215	223	231
540		239	247	255	263	272	280	288	296	304	312
541		320	328	336	344	352	360	368	376	384	392
542		400	408	416	424	432	440	448	456	464	472
543		480	488	496	504	512	520	528	536	544	552
544		560	568	576	584	592	600	608	616	624	632
545		640	648	656	664	672	679	687	695	703	711
546		719	727	735	743	751	759	767	775	783	791
547		799	807	815	823	830	838	846	854	862	870
548		878	886	894	902	910	918	926	933	941	949
549		957	965	973	981	989	997	*005	*013	*020	*028
550	74	036	044	052	060	068	076	084	092	099	107
551		115	123	131	139	147	155	162	170	178	186
552		194	202	210	218	225	233	241	249	257	265
553		273	280	288	296	304	312	320	327	335	343
554		351	359	367	374	382	390	398	406	414	421
N.	L.	0	1	2	3	4	5	6	7	8	9

P. P.

	9
1	0,9
2	1,8
3	2,7
4	3,6
5	4,5
6	5,4
7	6,3
8	7,2
9	8,1

	8
1	0,8
2	1,6
3	2,4
4	3,2
5	4,0
6	4,8
7	5,6
8	6,4
9	7,2

P. P.

N.	L. 0	1	2	3	4	5	6	7	8	9	P. P.
555	74 429	437	445	453	461	468	476	484	492	500	
556	507	515	523	531	539	547	554	562	570	578	
557	586	593	601	609	617	624	632	640	648	656	
558	663	671	679	687	695	702	710	718	726	733	
559	741	749	757	764	772	780	788	796	803	811	
560	819	827	834	842	850	858	865	873	881	889	8
561	896	904	912	920	927	935	943	950	958	966	1 0,8
562	974	981	989	997	*005	*012	*020	*028	*035	*043	2 1,6
563	75 051	059	066	074	082	089	097	105	113	120	3 2,4
564	128	136	143	151	159	166	174	182	189	197	4 3,2
565	205	213	220	228	236	243	251	259	266	274	5 4,0
566	282	289	297	305	312	320	328	335	343	351	6 4,8
567	358	366	374	381	389	397	404	412	420	427	7 5,6
568	435	442	450	458	465	473	481	488	496	504	8 6,4
569	511	519	526	534	542	549	557	565	572	580	9 7,2
570	587	595	603	610	618	626	633	641	648	656	
571	664	671	679	686	694	702	709	717	724	732	
572	740	747	755	762	770	778	785	793	800	808	
573	815	823	831	838	846	853	861	868	876	884	
574	891	899	906	914	921	929	937	944	952	959	
575	967	974	982	989	997	*005	*012	*020	*027	*035	
576	76 042	050	057	065	072	080	087	095	103	110	7
577	118	125	133	140	148	155	163	170	178	185	1 0,7
578	193	200	208	215	223	230	238	245	253	260	2 1,4
579	268	275	283	290	298	305	313	320	328	335	3 2,1
580	343	350	358	365	373	380	388	395	403	410	4 2,8
581	418	425	433	440	448	455	462	470	477	485	5 3,5
582	492	500	507	515	522	530	537	545	552	559	6 4,2
583	567	574	582	589	597	604	612	619	626	634	7 4,9
584	641	649	656	664	671	678	686	693	701	708	8 5,6
585	716	723	730	738	745	753	760	768	775	782	9 6,3
586	790	797	805	812	819	827	834	842	849	856	
587	864	871	879	886	893	901	908	916	923	930	
588	938	945	953	960	967	975	982	989	997	*004	
589	77 012	019	026	034	041	048	056	063	070	078	
N.	L. 0	1	2	3	4	5	6	7	8	9	P. P

N.	L.	0	1	2	3	4	5	6	7	8	9
590	77	085	093	100	107	115	122	129	137	144	151
591		159	166	173	181	188	195	203	210	217	225
592		232	240	247	254	262	269	276	283	291	298
593		305	313	320	327	335	342	349	357	364	371
594		379	386	393	401	408	415	422	430	437	444
595		452	459	466	474	481	488	495	503	510	517
596		525	532	539	546	554	561	568	576	583	590
597		597	605	612	619	627	634	641	648	656	663
598		670	677	685	692	699	706	714	721	728	735
599		743	750	757	764	772	779	786	793	801	808
600		815	822	830	837	844	851	859	866	873	880
601		887	895	902	909	916	924	931	938	945	952
602		960	967	974	981	988	996	*003	*010	*017	*025
603	78	032	039	046	053	061	068	075	082	089	097
604		104	111	118	125	132	140	147	154	161	168
605		176	183	100	197	204	211	219	226	233	240
606		247	254	262	269	276	283	290	297	305	312
607		319	326	333	340	347	355	362	369	376	383
608		390	398	405	412	419	426	433	440	447	455
609		462	469	476	483	490	497	504	512	519	526
610		533	540	547	554	561	569	576	583	590	597
611		604	611	618	625	633	640	647	654	661	668
612		675	682	689	696	704	711	718	725	732	739
613		746	753	760	767	774	781	789	796	803	810
614		817	824	831	838	845	852	859	866	873	880
615		888	895	902	909	916	923	930	937	944	951
616		958	965	972	979	986	993	*000	*007	*014	*021
617	79	029	036	043	050	057	064	071	078	095	092
618		099	106	113	120	127	134	141	148	155	162
619		169	176	183	190	197	204	211	218	225	232
620		239	246	253	260	267	274	281	288	295	302
621		309	316	323	330	337	344	351	358	365	372
622		379	386	393	400	407	414	421	428	435	442
623		449	456	463	470	477	484	491	498	505	511
624		518	525	532	539	546	553	560	567	574	581
N.	L.	0	1	2	3	4	5	6	7	8	9

P. P.

	8
1	0,8
2	1,6
3	2,4
4	3,2
5	4,0
6	4,8
7	5,6
8	6,4
9	7,2

	7
1	0,7
2	1,4
3	2,1
4	2,8
5	3,5
6	4,2
7	4,9
8	5,6
9	6,3

P. P.

N.	L.	0	1	2	3	4	5	6	7	8	9	P. P.
625	79	588	595	602	609	616	623	630	637	644	650	
626		657	664	671	678	685	692	699	706	713	720	
627		727	734	741	748	754	761	768	775	782	789	
628		796	803	810	817	824	831	837	844	851	858	
629		865	872	879	886	893	900	906	913	920	927	
630		934	941	948	955	962	969	975	982	989	996	7
631	80	003	010	017	024	030	037	044	051	058	065	1 | 0,7
632		072	079	085	092	099	106	113	120	127	134	2 | 1,4
633		140	147	154	161	168	175	182	188	195	202	3 | 2,1
634		209	216	223	229	236	243	250	257	264	271	4 | 2,8
635		277	284	291	298	305	312	318	325	332	339	5 | 3,5
636		346	353	359	366	373	380	387	393	400	407	6 | 4,2
637		414	421	428	434	441	448	455	462	468	475	7 | 4,9
638		482	489	496	502	509	516	523	530	536	543	8 | 5,6
639		550	557	564	570	577	584	591	598	604	611	9 | 6,3
640		618	625	632	638	645	652	659	665	672	679	
641		686	93	699	706	713	720	726	733	740	747	
642		754	760	767	774	781	787	794	801	808	814	
643		821	828	835	841	848	855	862	868	875	882	
644		889	895	902	909	916	922	929	936	943	949	
645		956	963	969	976	983	990	996	*003	*010	*017	
646	81	023	030	037	043	050	057	064	070	077	084	6
647		090	097	104	111	117	124	131	137	144	151	1 | 0,6
648		158	164	171	178	184	191	198	204	211	218	2 | 1,2
649		224	231	238	245	251	258	265	271	278	285	3 | 1,8
												4 | 2,4
650		291	298	305	311	318	325	331	338	345	351	5 | 3,0
651		358	365	371	378	385	391	398	405	411	418	6 | 3,6
652		425	431	438	445	451	458	465	471	478	485	7 | 4,2
653		491	498	505	511	518	525	531	538	544	551	8 | 4,8
654		558	564	571	578	584	591	598	604	611	617	9 | 5,4
655		624	631	637	644	651	657	664	671	677	684	
656		690	697	704	710	717	723	730	737	743	750	
657		757	763	770	776	783	790	796	803	809	816	
658		823	829	836	842	849	856	862	869	875	882	
659		889	895	902	908	915	921	928	935	941	948	
N.	L.	0	1	2	3	4	5	6	7	8	9	P. P.

N.	L.	0	1	2	3	4	5	6	7	8	9
660	81	954	961	968	974	981	987	994	*000	*007	*014
661	82	020	027	033	040	046	053	060	066	073	079
662		086	092	099	105	112	119	125	132	138	145
663		151	158	164	171	178	184	191	197	204	210
664		217	223	230	236	243	249	256	263	269	276
665		282	289	295	302	308	315	321	328	334	341
666		347	354	360	367	373	380	387	393	400	406
667		413	419	426	432	439	445	452	458	465	471
668		478	484	491	497	504	510	517	523	530	536
669		543	549	556	562	569	575	582	588	595	601
670		607	614	620	627	633	640	646	653	659	666
671		672	679	685	692	698	705	711	718	724	730
672		737	743	750	756	763	769	776	782	789	795
673		802	808	814	821	827	834	840	847	853	860
674		866	872	879	885	892	898	905	911	918	924
675		930	937	943	950	956	963	969	975	982	988
676		995	*001	*008	*014	*020	*027	*033	*040	*046	*052
677	83	059	065	072	078	085	091	097	104	110	117
678		123	129	136	142	149	155	161	168	174	181
679		187	193	200	206	213	219	225	232	238	245
680		251	257	264	270	276	283	289	296	302	308
681		315	321	327	334	340	347	353	359	366	372
682		378	385	391	398	404	410	417	423	429	436
683		442	448	455	461	467	474	480	487	493	499
684		506	512	518	525	531	537	544	550	556	563
685		569	575	582	588	594	601	607	613	620	626
686		632	639	645	651	658	664	670	677	683	689
687		696	702	708	715	721	727	734	740	746	753
688		759	765	771	778	784	790	797	803	809	816
689		822	828	835	841	847	853	860	866	872	879
690		885	891	897	904	910	916	923	929	935	942
691		948	954	960	967	973	979	985	992	998	*004
692	84	011	017	023	029	036	042	048	055	061	067
693		073	080	086	092	098	105	111	117	123	130
694		136	142	148	155	161	167	173	180	186	192
N.	L.	0	1	2	3	4	5	6	7	8	9

P. P.

	7
1	0,7
2	1,4
3	2,1
4	2,8
5	3,5
6	4,2
7	4,9
8	5,6
9	6,3

	6
1	0,6
2	1,2
3	1,8
4	2,4
5	3,0
6	3,6
7	4,2
8	4,8
9	5,4

N.	L.	0	1	2	3	4	5	6	7	8	9
695	84	198	205	211	217	223	230	236	242	248	255
696		261	267	273	280	286	292	298	305	311	317
697		323	330	336	342	348	354	361	367	373	379
698		386	392	398	404	410	417	423	429	435	442
699		448	454	460	466	473	479	485	491	497	504
700		510	516	522	528	535	541	547	553	559	566
701		572	578	584	590	597	603	609	615	621	628
702		634	640	646	652	658	665	671	677	683	689
703		696	702	708	714	720	726	733	739	745	751
704		757	763	770	776	782	788	794	800	807	813
705		819	825	831	837	844	850	856	862	868	874
706		880	887	893	899	905	911	917	924	930	936
707		942	948	954	960	967	973	979	985	991	997
708	85	003	009	016	022	028	034	040	046	052	058
709		065	071	077	083	089	095	101	107	114	120
710		126	132	138	144	150	156	163	169	175	181
711		187	193	199	205	211	217	224	230	236	242
712		248	254	260	266	272	278	285	291	297	303
713		309	315	321	327	333	339	345	352	358	364
714		370	376	382	388	394	400	406	412	418	425
715		431	437	443	449	455	461	467	473	479	485
716		491	497	503	509	516	522	528	534	540	546
717		552	558	564	570	576	582	588	594	600	606
718		612	618	625	631	637	643	649	655	661	667
719		673	679	685	691	697	703	709	715	721	727
720		733	739	745	751	757	763	769	775	781	788
721		794	800	806	812	818	824	830	836	842	848
722		854	860	866	872	878	884	890	896	902	908
723		914	920	926	932	938	944	950	956	962	968
724		974	980	986	992	998	*004	*010	*016	*022	*028
725	86	034	040	046	052	058	064	070	076	082	088
726		094	100	106	112	118	124	130	136	141	147
727		153	159	165	171	177	183	189	195	201	207
728		213	219	225	231	237	243	249	255	261	267
729		273	279	285	291	297	303	308	314	320	326
N.	L.	0	1	2	3	4	5	6	7	8	9

P. P.

	6
1	0,6
2	1,2
3	1,8
4	2,4
5	3,0
6	3,6
7	4,2
8	4,8
9	5,4

	5
1	0,5
2	1,0
3	1,5
4	2,0
5	2,5
6	3,0
7	3,5
8	4,0
9	4,5

P. P.

N.	L.	0	1	2	3	4	5	6	7	8	9	P. P.
730	86	332	338	344	350	356	362	368	374	380	386	
731		392	398	404	410	415	421	427	433	439	445	
732		451	457	463	469	475	481	487	493	499	504	
733		510	516	522	528	534	540	546	552	558	564	
734		570	576	581	587	593	599	605	611	617	623	
735		629	635	641	646	652	658	664	670	676	682	6
736		688	694	700	705	711	717	723	729	735	741	1 | 0,6
737		747	753	759	764	770	776	782	788	794	800	2 | 1,2
738		806	812	817	823	829	835	841	847	853	859	3 | 1,8
739		864	870	876	882	888	894	900	906	911	917	4 | 2,4
740		923	929	935	941	947	953	958	964	970	976	5 | 3,0
741		982	988	994	999	*005	*011	*017	*023	*029	*035	6 | 3,6
742	87	040	046	052	058	064	070	075	081	087	093	7 | 4,2
743		099	105	111	116	122	128	134	140	146	151	8 | 4,8
744		157	163	169	175	181	186	192	198	204	210	9 | 5,4
745		216	221	227	233	239	245	251	256	262	268	
746		274	280	286	291	297	303	309	315	320	326	
747		332	338	344	349	355	361	367	373	379	384	
748		390	396	402	408	413	419	425	431	437	442	
749		448	454	460	466	471	477	483	489	495	500	
750		506	512	518	523	529	535	541	547	552	558	
751		564	570	576	581	587	593	599	604	610	616	5
752		622	628	633	639	645	651	656	662	668	674	1 | 0,5
753		679	685	691	697	703	708	714	720	726	731	2 | 1,0
754		737	743	749	754	760	766	772	777	783	789	3 | 1,5
755		795	800	806	812	818	823	829	835	841	846	4 | 2,0
756		852	858	864	869	875	881	887	892	898	904	5 | 2,5
757		910	915	921	927	933	938	944	950	955	961	6 | 3,0
758		967	973	978	984	990	996	*001	*007	*013	*018	7 | 3,5
759	88	024	030	036	041	047	053	058	064	070	076	8 | 4,0
760		081	087	093	098	104	110	116	121	127	133	9 | 4,5
761		138	144	150	156	161	167	173	178	184	190	
762		195	201	207	213	218	224	230	235	241	247	
763		252	258	264	270	275	281	287	292	298	304	
764		309	315	321	326	332	338	343	349	355	360	
N.	L.	0	1	2	3	4	5	6	7	8	9	P. P.

N.	L.	0	1	2	3	4	5	6	7	8	9
765	88	366	372	377	383	389	395	400	406	412	417
766		423	429	434	440	446	451	457	463	468	474
767		480	485	491	497	502	508	513	519	525	530
768		536	542	547	553	559	564	570	576	581	587
769		593	598	604	610	615	621	627	632	638	643
770		649	655	660	666	672	677	683	689	694	700
771		705	711	717	722	728	734	739	745	750	756
772		762	767	773	779	784	790	795	801	807	812
773		818	824	829	835	840	846	852	857	863	868
774		874	880	885	891	897	902	908	913	919	925
775		930	936	941	947	953	958	964	969	975	981
776		986	992	997	*003	*009	*014	*020	*025	*031	*037
777	89	042	048	053	059	064	070	076	081	087	092
778		098	104	109	115	120	126	131	137	143	148
779		154	159	165	170	176	182	187	193	198	204
780		209	215	221	226	232	237	243	248	254	260
781		265	271	276	282	287	293	298	304	310	315
782		321	326	332	337	343	348	354	360	365	371
783		376	382	387	393	398	404	409	415	421	426
784		432	437	443	448	454	459	465	470	476	481
785		487	492	498	504	509	515	520	526	531	537
786		542	548	553	559	564	570	575	581	586	592
787		597	603	609	614	620	625	631	636	642	647
788		653	658	664	669	675	680	686	691	697	702
789		708	713	719	724	730	735	741	746	752	757
790		763	768	774	779	785	790	796	801	807	812
791		818	823	829	834	840	845	851	856	862	867
792		873	878	883	889	894	900	905	911	916	922
793		927	933	938	944	949	955	960	966	971	977
794		982	988	993	998	*004	*009	*015	*020	*026	*031
795	90	037	042	048	053	059	064	069	075	080	086
796		091	097	102	108	113	119	124	129	135	140
797		146	151	157	162	168	173	179	184	189	195
798		200	206	211	217	222	227	233	238	244	249
799		255	260	266	271	276	282	287	293	298	304
N.	L.	0	1	2	3	4	5	6	7	8	9

P. P.

	6
1	0,6
2	1,2
3	1,8
4	2,4
5	3,0
6	3,6
7	4,2
8	4,8
9	5,4

	5
1	0,5
2	1,0
3	1,5
4	2,0
5	2,5
6	3,0
7	3,5
8	4,0
9	4,5

P. P.

N.	L.	0	1	2	3	4	5	6	7	8	9	P. P.	
800	90	309	314	320	325	331	336	342	347	352	358		
801		363	369	374	380	385	390	396	401	407	412		
802		417	423	428	434	439	445	450	455	461	466		
803		472	477	482	488	493	499	504	509	515	520		
804		526	531	536	542	547	553	558	563	569	574		
805		580	585	590	596	601	607	612	617	623	628		6
806		634	639	644	650	655	660	666	671	677	682	1	0,6
807		687	693	698	703	709	714	720	725	730	736	2	1,2
808		741	747	752	757	763	768	773	779	784	789	3	1,8
809		795	800	806	811	816	822	827	832	838	843	4	2,4
810		849	854	859	865	870	875	881	886	891	897	5	3,0
811		902	907	913	918	924	929	934	940	945	950	6	3,6
812		956	961	966	972	977	982	988	993	998	*004	7	4,2
813	91	009	014	020	025	030	036	041	046	052	057	8	4,8
814		062	068	073	078	084	089	094	100	105	110	9	5,4
815		116	121	126	132	137	142	148	153	158	164		
816		169	174	180	185	190	196	201	206	212	217		
817		222	228	233	238	243	249	254	259	265	270		
818		275	281	286	291	297	302	307	312	318	323		
819		328	334	339	344	350	355	360	365	371	376		
820		381	387	392	397	403	408	413	418	424	429		
821		434	440	445	450	455	461	466	471	477	482		5
822		487	492	498	503	508	514	519	524	529	535	1	0,5
823		540	545	551	556	561	566	572	577	582	587	2	1,0
824		593	598	603	609	614	619	624	630	635	640	3	1,5
825		645	651	656	661	666	672	677	682	687	693	4	2,0
826		698	703	709	714	719	724	730	735	740	745	5	2,5
827		751	756	761	766	772	777	782	787	793	798	6	3,0
828		803	808	814	819	824	829	834	840	845	850	7	3,5
829		855	861	866	871	876	882	887	892	897	903	8	4,0
830		908	913	918	924	929	934	939	944	950	955	9	4,5
831		960	965	971	976	981	986	991	997	*002	*007		
832	92	012	018	023	028	033	038	044	049	054	059		
833		065	070	075	080	085	091	096	101	106	111		
834		117	122	127	132	137	143	148	153	158	163		
N	L.	0	1	2	3	4	5	6	7	8	9	P. P.	

N.	L.	0	1	2	3	4	5	6	7	8	9
835	92	169	174	179	184	189	195	200	205	210	215
836		221	226	231	236	241	247	252	257	262	267
837		273	278	283	288	293	298	304	309	314	319
838		324	330	335	340	345	350	355	361	366	371
839		376	381	387	392	397	402	407	412	418	423
840		428	433	438	443	449	454	459	464	469	474
841		480	485	490	495	500	505	511	516	521	526
842		531	536	542	547	552	557	562	567	572	578
843		583	588	593	598	603	609	614	619	624	629
844		634	639	645	650	655	660	665	670	675	681
845		686	691	696	701	706	711	716	722	727	732
846		737	742	747	752	758	763	768	773	778	783
847		788	793	799	804	809	814	819	824	829	834
848		840	845	850	855	860	865	870	875	881	886
849		891	896	901	906	911	916	921	927	932	937
850		942	947	952	957	962	967	973	978	983	988
851		993	998	*003	*008	*013	*018	*024	*029	*034	*039
852	93	044	049	054	059	064	069	075	080	085	090
853		095	100	105	110	115	120	125	131	136	141
854		146	151	156	161	166	171	176	181	186	192
855		197	202	207	212	217	222	227	232	237	242
856		247	252	258	263	268	273	278	283	288	293
857		298	303	308	313	318	323	328	334	339	344
858		349	354	359	364	369	374	379	384	389	394
859		399	404	409	414	420	425	430	435	440	445
860		450	455	460	465	470	475	480	485	490	495
861		500	505	510	515	520	526	531	536	541	546
862		551	556	561	566	571	576	581	586	591	596
863		601	606	611	616	621	626	631	636	641	646
864		651	656	661	666	671	676	682	687	692	697
865		702	707	712	717	722	727	732	737	742	747
866		752	757	762	767	772	777	782	787	792	797
867		802	807	812	817	822	827	832	837	842	847
868		852	857	862	867	872	877	882	887	892	897
869		902	907	912	917	922	927	932	937	942	947
N.	L.	0	1	2	3	4	5	6	7	8	9

P. P.

	6
1	0,6
2	1,2
3	1,8
4	2,4
5	3,0
6	3,6
7	4,2
8	4,8
9	5,4

	5
1	0,5
2	1,0
3	1,5
4	2,0
5	2,5
6	3,0
7	3,5
8	4,0
9	4,5

P. P.

N.	L.	0	1	2	3	4	5	6	7	8	9
870	93	952	957	962	967	972	977	982	987	992	997
871	94	002	007	012	017	022	027	032	037	042	047
872		052	057	062	067	072	077	082	086	091	096
873		101	106	111	116	121	126	131	136	141	146
874		151	156	161	166	171	176	181	186	191	196
875		201	206	211	216	221	226	231	236	240	245
876		250	255	260	265	270	275	280	285	290	295
877		300	305	310	315	320	325	330	335	340	345
878		349	354	359	364	369	374	379	384	389	394
879		399	404	409	414	419	424	429	433	438	443
880		448	453	458	463	468	473	478	483	488	493
881		498	503	507	512	517	522	527	532	537	542
882		547	552	557	562	567	571	576	581	586	591
883		596	601	606	611	616	621	626	630	635	640
884		645	650	655	660	665	670	675	680	685	689
885		694	699	704	709	714	719	724	729	734	738
886		743	748	753	758	763	768	773	778	783	787
887		792	797	802	807	812	817	822	827	832	836
888		841	846	851	856	861	866	871	876	880	885
889		890	895	900	905	910	915	919	924	929	934
890		939	944	949	954	959	963	968	973	978	983
891		988	993	998	*002	*007	*012	*017	*022	*027	*032
892	95	036	041	046	051	056	061	066	071	075	080
893		085	090	095	100	105	109	114	119	124	129
894		134	139	143	148	153	158	163	168	173	177
895		182	187	192	197	202	207	211	216	221	226
896		231	236	240	245	250	255	260	265	270	274
897		279	284	289	294	299	303	308	313	318	323
898		328	332	337	342	347	352	357	361	366	371
899		376	381	386	390	395	400	405	410	415	419
900		424	429	434	439	444	448	453	458	463	468
901		472	477	482	487	492	497	501	506	511	516
902		521	525	530	535	540	545	550	554	559	564
903		569	574	578	583	588	593	598	602	607	612
904		617	622	626	631	636	641	646	650	655	660
N.	L.	0	1	2	3	4	5	6	7	8	9

P. P.

	5
1	0,5
2	1,0
3	1,5
4	2,0
5	2,5
6	3,0
7	3,5
8	4,0
9	4,5

	4
1	0,4
2	0,8
3	1,2
4	1,6
5	2,0
6	2,4
7	2,8
8	3,2
9	3,6

N.	L.	0	1	2	3	4	5	6	7	8	9
905	95	665	670	674	679	684	689	694	698	703	708
906		713	718	722	727	732	737	742	746	751	756
907		761	766	770	775	780	785	789	794	799	804
908		809	813	818	823	828	832	837	842	847	852
909		856	861	866	871	875	880	885	890	895	899
910		904	909	914	918	923	928	933	938	942	947
911		952	957	961	966	971	976	980	985	990	995
912		999	*004	*009	*014	*019	*023	*028	*033	*038	*042
913	96	047	052	057	061	066	071	076	080	085	090
914		095	099	104	109	114	118	123	128	133	137
915		142	147	152	156	161	166	171	175	180	185
916		190	194	299	204	209	213	218	223	227	232
917		237	242	246	251	256	261	265	270	275	280
918		284	289	294	298	303	308	313	317	322	327
919		332	336	341	346	350	355	360	365	369	374
920		379	384	388	393	398	402	407	412	417	421
921		426	431	435	440	445	450	454	459	464	468
922		473	478	483	487	492	497	501	506	511	515
923		520	525	530	534	539	544	548	553	558	562
924		567	572	577	581	586	591	595	600	605	609
925		614	619	624	628	633	638	642	647	652	656
926		661	666	670	675	680	685	689	694	699	703
927		708	713	717	722	727	731	736	741	745	750
928		755	759	764	769	774	778	783	788	792	797
929		802	806	811	816	820	825	830	834	839	844
930		848	853	858	862	867	872	876	881	886	890
931		895	900	904	909	914	918	923	928	932	937
932		942	946	951	956	960	965	970	974	979	984
933		988	993	997	*002	*007	*011	*016	*021	*025	*030
934	97	035	039	044	049	053	058	063	067	072	077
935		081	086	090	095	100	104	109	114	118	123
936		128	132	137	142	146	151	155	160	165	169
937		174	179	183	188	192	197	202	206	211	216
938		220	225	230	234	239	243	248	253	257	262
939		267	271	276	280	285	290	294	299	304	308
N.	L.	0	1	2	3	4	5	6	7	8	9

P. P.

	5
1	0,5
2	1,0
3	1,5
4	2,0
5	2,5
6	3,0
7	3,5
8	4,0
9	4,5

	4
1	0,4
2	0,8
3	1,2
4	1,6
5	2,0
6	2,4
7	2,8
8	3,2
9	3,6

P. P.

N.	L. 0	1	2	3	4	5	6	7	8	9
940	97 313	317	322	327	331	336	340	345	350	354
941	359	364	368	373	377	382	387	391	396	400
942	405	410	414	419	424	428	433	437	442	447
943	451	456	460	465	470	474	479	483	488	493
944	497	502	506	511	516	520	525	529	534	539
945	543	548	552	557	562	566	571	575	580	585
946	589	594	598	603	607	612	617	621	626	630
947	635	640	644	649	653	658	663	667	672	676
948	681	685	690	695	699	704	708	713	717	722
949	727	731	736	740	745	749	754	759	763	768
950	772	777	782	786	791	795	800	804	809	813
951	818	823	827	832	836	841	845	850	855	859
952	864	868	873	877	882	886	891	896	900	905
953	909	914	918	923	928	932	937	941	946	950
954	955	959	964	968	973	978	982	987	991	996
955	98 000	005	009	014.	019	023	028	032	037	041
956	046	050	055	059	064	068	073	078	082	087
957	091	096	100	105	109	114	118	123	127	132
958	137	141	146	150	155	159	164	168	173	177
959	182	186	191	195	200	204	209	214	218	223
960	227	232	236	241	245	250	254	259	263	268
961	272	277	281	286	290	295	299	304	308	313
962	318	322	327	331	336	340	345	349	354	358
963	363	367	372	376	381	385	390	394	399	403
964	408	412	417	421	426	430	435	439	444	448
965	453	457	462	466	471	475	480	484	489	493
966	498	502	507	511	516	520	525	529	534	538
967	543	547	552	556	561	565	570	574	579	583
968	588	592	597	601	605	610	614	619	623	628
969	632	637	641	646	650	655	659	664	668	673
970	677	682	686	691	695	700	704	709	713	717
971	722	726	731	735	740	744	749	753	758	762
972	767	771	776	780	784	789	793	798	802	807
973	811	816	820	825	829	834	838	843	847	851
974	856	860	865	869	874	878	883	887	892	896
N.	L. 0	1	2	3	4	5	6	7	8	9

P. P.

	5
1	0,5
2	1,0
3	1,5
4	2,0
5	2,5
6	3,0
7	3,5
8	4,0
9	4,5

	4
1	0,4
2	0,8
3	1,2
4	1,6
5	2,0
6	2,4
7	2,8
8	3,2
9	3,6

P. P.

N.	L. 0	1	2	3	4	5	6	7	8	9
975	98 900	905	909	914	918	923	927	932	936	941
976	945	949	954	958	963	967	972	976	981	985
977	989	994	998	*003	*007	*012	*016	*021	*025	*029
978	99 034	038	043	047	052	056	061	065	069	074
979	078	083	087	092	096	100	105	109	114	118
980	123	127	131	136	140	145	149	154	158	162
981	167	171	176	180	185	189	193	198	202	207
982	211	216	220	224	229	233	238	242	247	251
983	255	260	264	269	273	277	282	286	291	295
984	300	304	308	313	317	322	326	330	335	339
985	344	348	352	357	361	366	370	374	379	383
986	388	392	396	401	405	410	414	419	423	427
987	432	436	441	445	449	454	458	463	467	471
988	476	480	484	489	493	498	502	506	511	515
989	520	524	528	533	537	542	546	550	555	559
990	564	568	572	577	581	585	590	594	599	603
991	607	612	616	621	625	629	634	638	642	647
992	651	656	660	664	669	673	677	682	686	691
993	695	699	704	708	712	717	721	726	730	734
994	739	743	747	752	756	760	765	769	774	778
995	782	787	791	795	800	804	808	813	817	822
996	826	830	835	839	843	848	852	856	861	865
997	870	874	878	883	887	891	896	900	904	909
998	913	917	922	926	930	935	939	944	948	952
999	957	961	965	970	974	978	983	987	991	996
N.	L. 0	1	2	3	4	5	6	7	8	9

P. P.

	5
1	0,5
2	1,0
3	1,5
4	2,0
5	2,5
6	3,0
7	3,5
8	4,0
9	4,5

	4
1	0,4
2	0,8
3	1,2
4	1,6
5	2,0
6	2,4
7	2,8
8	3,2
9	3,6

P. P.

N.	0	1	2	3	4	5	6	7	8	9	1	2	3	4	5	6	7	8
10	0000	0043	0086	0128	0170	0212	0253	0294	0334	0374	4	8	12	17	21	25	29	33
11	0414	0453	0492	0531	0569	0607	0645	0682	0719	0755	4	8	11	15	19	23	27	30
12	0792	0828	0864	0899	0934	0969	1004	1038	1072	1106	3	7	10	14	17	21	24	28
13	1139	1173	1206	1239	1271	1303	1335	1367	1399	1430	3	6	10	13	16	19	23	26
14	1461	1492	1523	1553	1584	1614	1644	1673	1703	1732	3	6	9	12	15	18	21	24
15	1761	1790	1818	1847	1875	1903	1931	1959	1987	2014	3	6	8	11	14	17	20	22
16	2041	2068	2095	2122	2148	2175	2201	2227	2253	2279	3	5	8	11	13	16	18	21
17	2304	2330	2355	2380	2405	2430	2455	2480	2504	2529	2	5	7	10	12	15	17	20
18	2553	2577	2601	2625	2648	2672	2695	2718	2742	2765	2	5	7	9	12	14	16	19
19	2788	2810	2833	2856	2878	2900	2923	2945	2967	2989	2	4	7	9	11	13	16	18
20	3010	3032	3054	3075	3096	3118	8139	3160	3181	3201	2	4	6	8	11	13	15	17
21	3222	3243	3263	3284	3304	3324	3345	3365	3385	3404	2	4	6	8	10	12	14	16
22	3424	3444	3464	3483	3502	3522	3541	3560	3579	3598	2	4	6	8	10	12	14	15
23	3617	3636	3655	3674	3692	3711	3729	3747	3766	3784	2	4	6	7	9	11	13	15
24	3802	3820	3838	3856	3874	3892	3909	3927	3945	3962	2	4	5	7	9	11	12	14
25	3979	3997	4014	4031	4048	4065	4082	4099	4116	4133	2	3	5	7	9	10	12	14
26	4150	4166	4183	4200	4216	4232	4249	4265	4281	4298	2	3	5	7	8	10	11	13
27	4314	4330	4346	4362	4378	4393	4409	4425	4440	4456	2	3	5	6	8	9	11	13
28	4472	4487	4502	4518	4533	4548	4564	4579	4594	4609	2	3	5	6	8	9	11	12
29	4624	4639	4654	4669	4683	4698	4713	4728	4742	4757	1	3	4	6	7	9	10	12
30	4771	4786	4800	4814	4829	4843	4857	4871	4886	4900	1	3	4	6	7	9	10	11
31	4914	4928	4942	4955	4969	4983	4997	5011	5024	5038	1	3	4	6	7	8	10	11
32	5051	5065	5079	5092	5105	5119	5132	5145	5159	5172	1	3	4	5	7	8	9	11
33	5185	5198	5211	5224	5237	5250	5263	5276	5289	5302	1	3	4	5	6	8	9	10
34	5315	5328	5340	5353	5366	5378	5391	5403	5416	5428	1	3	4	5	6	8	9	10
35	5441	5453	5465	5478	5490	5502	5514	5527	5539	5551	1	2	4	5	6	7	9	10
36	5563	5575	5587	5599	5611	5623	5635	5647	5658	5670	1	2	4	5	6	7	8	10
37	5682	5694	5705	5717	5729	5740	5752	5763	5775	5786	1	2	3	5	6	7	8	9
38	5798	5809	5821	5832	5843	5855	5866	5877	5888	5899	1	2	3	5	6	7	8	9
39	5911	5922	5933	5944	5955	5966	5977	5988	5999	6010	1	2	3	4	5	7	8	9
40	6021	6031	6042	6053	6064	6075	6085	6096	6107	6117	1	2	3	4	5	6	8	8
41	6128	6138	6149	6160	6170	6180	6191	6201	6212	6222	1	2	3	4	5	6	7	8
42	6232	6243	6253	6263	6274	6284	6294	6304	6314	6325	1	2	3	4	5	6	7	8
43	6335	6345	6355	6365	6375	6385	6395	6405	6415	6425	1	2	3	4	5	6	7	8
44	6435	6444	6454	6464	6474	6484	6493	6503	6513	6522	1	2	3	4	5	6	7	8
45	6532	6542	6551	6561	6571	6580	6590	6599	6609	6618	1	2	3	4	5	6	7	8
46	6628	6637	6646	6656	6665	6675	6684	6693	6702	6712	1	2	3	4	5	6	7	7
47	6721	6730	6739	6749	6758	6767	6776	6785	6794	6803	1	2	3	4	5	5	6	7
48	6812	6821	6830	6839	6848	6857	6866	6875	6884	6893	1	2	3	4	4	5	6	7
49	6902	6911	6920	6928	6937	6946	6955	6964	6972	6981	1	2	3	4	4	5	6	7
50	6990	6998	7007	7016	7024	7033	7042	7050	7059	7067	1	2	3	3	4	5	6	7
51	7076	7084	7093	7101	7110	7118	7126	7135	7143	7152	1	2	3	3	4	5	6	7
52	7160	7168	7177	7185	7193	7202	7210	7218	7226	7235	1	2	2	3	4	5	6	7
53	7243	7251	7259	7267	7275	7284	7292	7300	7308	7316	1	2	2	3	4	5	6	6
54	7324	7322	7340	7348	7356	7364	7372	7380	7388	7396	1	2	2	3	4	5	6	6
55	7404	7412	7419	7427	7435	7443	7451	7459	7466	7474	1	2	2	3	4	5	5	6
56	7482	7490	7497	7505	7513	7520	7528	7536	7543	7551	1	2	2	3	4	5	5	6
57	7559	7566	7574	7582	7589	7597	7604	7612	7619	7627	1	2	2	3	4	5	5	6
58	7634	7642	7649	7657	7664	7672	7679	7686	7694	7701	1	1	2	3	4	4	5	6
59	7709	7716	7723	7731	7738	7745	7752	7760	7767	7774	1	1	2	3	4	4	5	6
60	7782	7789	7796	7803	7810	7818	7825	7832	7839	7846	1	1	2	3	4	4	5	6
N	0	1	2	3	4	5	6	7	8	9	1	2	3	4	5	6	7	8

N.	0	1	2	3	4	5	6	7	8	9	1	2	3	4	5	6	7	8	9
60	7782	7789	7796	7803	7810	7818	7825	7832	7839	7846	1	1	2	3	4	4	5	6	6
61	7853	7860	7868	7875	7882	7889	7896	7903	7910	7917	1	1	2	3	4	4	5	6	6
62	7924	7931	7938	7945	7952	7959	7966	7973	7980	7987	1	1	2	3	3	4	5	6	6
63	7993	8000	8007	8014	8021	8028	8035	8041	8048	8055	1	1	2	3	3	4	5	5	6
64	8062	8069	8075	8082	8089	8096	8102	8109	8116	8122	1	1	2	3	3	4	5	5	6
65	8129	8136	8142	8149	8156	8162	8169	8176	8182	8189	1	1	2	3	3	4	5	5	6
66	8195	8202	8209	8215	8222	8228	8235	8241	8248	8254	1	1	2	3	3	4	5	5	6
67	8261	8267	8274	8280	8287	8293	8299	8306	8312	8319	1	1	2	3	3	4	5	5	6
68	8325	8331	8338	8344	8351	8357	8363	8370	8376	8382	1	1	2	3	3	4	4	5	6
69	8388	8395	8401	8407	8414	8420	8426	8432	8439	8445	1	1	2	2	3	4	4	5	6
70	8451	8457	8463	8470	8476	8482	8488	8494	8500	8506	1	1	2	2	3	4	4	5	6
71	8513	8519	8525	8531	8537	8543	8549	8555	8561	8567	1	1	2	2	3	4	4	5	5
72	8573	8579	8585	8591	8597	8603	8609	8615	8621	8627	1	1	2	2	3	4	4	5	5
73	8633	8639	8645	8651	8657	8663	8669	8675	8681	8686	1	1	2	2	3	4	4	5	5
74	8692	8698	8704	8710	8716	8722	8727	8733	8739	8745	1	1	2	2	3	4	4	5	5
75	8751	8756	8762	8768	8774	8779	8785	8791	8797	8802	1	1	2	2	3	3	4	5	5
76	8808	8814	8820	8825	8831	8837	8842	8848	8854	3859	1	1	2	2	3	3	4	5	5
77	8865	8871	8876	8882	8887	8893	8899	8904	8910	8915	1	1	2	2	3	3	4	4	5
78	8921	8927	8932	8938	8943	8949	8954	8960	8965	8971	1	1	2	2	3	3	4	4	5
79	8976	8982	8987	8993	8998	9004	9009	9015	9020	9025	1	1	2	2	3	3	4	4	5
80	9031	9036	9042	9047	9053	9058	9063	9069	9074	9079	1	1	2	2	3	3	4	4	5
81	9085	9090	9096	9101	9106	9112	9117	9122	9128	9133	1	1	2	2	3	3	4	4	5
82	9138	9143	9149	9154	9159	9165	9170	9175	9180	9186	1	1	2	2	3	3	4	4	5
83	9101	9190	9201	9206	9212	9217	9222	9227	9232	9238	1	1	2	2	3	3	4	4	5
84	9243	9248	9253	9258	9263	9269	9274	9279	9284	9289	1	1	2	2	3	3	4	4	5
85	9294	9299	9304	9309	9315	9320	9325	9330	9335	9340	1	1	2	2	3	3	4	4	5
86	9345	9350	9355	0360	9365	9370	9375	9380	9385	9390	1	1	2	2	3	3	4	4	5
87	9395	9400	9405	9410	9415	9420	9425	9430	9435	9440	0	1	1	2	2	3	3	4	4
88	9445	9450	9455	9460	9465	9469	9474	9479	9484	9489	0	1	1	2	2	3	3	4	4
89	9494	9499	9504	9509	9513	9518	9523	9528	9533	9538	0	1	1	2	2	3	3	4	4
90	9542	9547	9552	9557	9562	9566	9571	9576	9581	9586	0	1	1	2	2	3	3	4	4
91	9590	9595	9600	9605	9609	9614	9619	9624	9628	9633	0	1	1	2	2	3	3	4	4
92	9638	9643	9647	9652	9657	9661	9666	9671	9675	9680	0	1	1	2	2	3	3	4	4
93	9685	9689	9694	9699	9703	9708	9713	9717	9722	9727	0	1	1	2	2	3	3	4	4
94	9731	9736	9741	9745	9750	9754	9759	9763	9768	9773	0	1	1	2	2	3	3	4	4
95	9777	9782	9786	9791	9795	9800	9805	9809	9814	9818	0	1	1	2	2	3	3	4	4
96	9823	9827	9832	9836	9841	9845	9850	9854	9859	9863	0	1	1	2	2	3	3	4	4
97	9868	9872	9877	9881	9886	9890	9894	9899	9903	9908	0	1	1	2	2	3	3	4	4
98	9912	9917	9921	9926	9930	9934	9939	9943	9948	9952	0	1	1	2	2	3	3	4	4
99	9956	9961	9965	9969	9974	9978	9983	9987	9991	9996	0	1	1	2	2	3	3	3	4
100	00000	00043	00087	00130	00173	00217	00260	00303	00346	00389	4	9	13	17	22	26	30	35	39
101	00432	00475	00518	00561	00604	00647	00689	00732	00775	00817	4	9	13	17	22	26	30	34	39
102	00860	00903	00945	00988	01030	01072	01115	01157	01199	01242	4	8	13	17	21	25	30	34	38
103	01284	01326	01368	01410	01452	01494	01536	01578	01620	01662	4	8	13	17	21	25	29	34	38
104	01703	01745	01787	01828	01870	01912	01953	01995	02036	02078	4	8	12	17	21	25	29	33	37
105	02119	02160	02202	02243	02284	02325	02366	02407	02449	02490	4	8	12	16	21	25	29	33	37
106	02531	02572	02612	02653	02694	02735	02776	02816	02857	02898	4	8	12	16	20	24	28	32	36
107	02938	02979	03019	03060	03100	03141	03181	03222	03262	03302	4	8	12	16	20	24	28	32	36
108	03342	03383	03423	03463	03503	03543	03583	03623	93663	03703	4	8	12	16	20	24	28	32	36
109	03743	03782	03822	03862	03902	03941	03981	04021	04060	04100	4	8	12	16	20	24	28	31	36
110	04139	04179	04218	4258	04297	04336	04376	04415	04454	04493	4	8	12	16	20	24	28	31	36
N	0	1	2	3	4	5	6	7	8	9	1	2	3	4	5	6	7	8	9

Log	0	1	2	3	4	5	6	7	8	9	1	2	3	4	5	6	7	8	9
·00	1000	1002	1005	1007	1009	1012	1014	1016	1019	1021	0	0	1	1	1	1	2	2	2
·01	1023	1026	1028	1030	1033	1035	1038	1040	1042	1045	0	0	1	1	1	1	2	2	2
·02	1047	1050	1052	1054	1057	1059	1062	1064	1067	1069	0	0	1	1	1	1	2	2	2
·03	1072	1074	1076	1079	1081	1084	1086	1089	1091	1094	0	0	1	1	1	1	2	2	2
·04	1096	1099	1102	1104	1107	1109	1112	1114	1117	1119	0	1	1	1	1	2	2	2	2
·05	1122	1125	1127	1130	1132	1135	1138	1140	1143	1146	0	1	1	1	1	2	2	2	2
·06	1148	1151	1153	1156	1159	1161	1164	1167	1169	1172	0	1	1	1	1	2	2	2	2
·07	1175	1178	1180	1183	1186	1189	1191	1194	1197	1199	0	1	1	1	1	2	2	2	2
·08	1202	1205	1208	1211	1213	1216	1219	1222	1225	1227	0	1	1	1	1	2	2	2	3
·09	1230	1233	1236	1239	1242	1245	1247	1250	1253	1256	0	1	1	1	1	2	2	2	3
·10	1259	1262	1265	1268	1271	1274	1276	1279	1282	1285	0	1	1	1	1	2	2	2	3
·11	1288	1291	1294	1297	1300	1303	1306	1309	1312	1315	0	1	1	1	2	2	2	2	3
·12	1318	1321	1324	1327	1330	1334	1337	1340	1343	1346	0	1	1	1	2	2	2	2	3
·13	1349	1352	1355	1358	1361	1365	1368	1371	1374	1377	0	1	1	1	2	2	2	3	3
·14	1380	1384	1387	1390	1393	1396	1400	1403	1406	1409	0	1	1	1	2	2	2	3	3
·15	1413	1416	1419	1422	1426	1429	1432	1435	1439	1442	0	1	1	1	2	2	2	3	3
·16	1445	1449	1452	1455	1459	1462	1466	1469	1472	1476	0	1	1	1	2	2	2	3	3
·17	1479	1483	1486	1489	1493	1496	1500	1503	1507	1510	0	1	1	1	2	2	2	3	3
·18	1514	1517	1521	1524	1528	1531	1535	1538	1542	1545	0	1	1	1	2	2	2	3	3
·19	1549	1552	1556	1560	1563	1567	1570	1574	1578	1581	0	1	1	1	2	2	3	3	3
·20	1585	1589	1592	1596	1600	1603	1607	1611	1614	1618	0	1	1	1	2	2	3	3	3
·21	1622	1626	1629	1633	1637	1641	1644	1648	1652	1656	0	1	1	2	2	2	3	3	3
·22	1660	1663	1667	1671	1675	1679	1683	1687	1690	1694	0	1	1	2	2	2	3	3	3
·23	1698	1702	1706	1710	1714	1718	1722	1726	1730	1734	0	1	1	2	2	2	3	3	4
·24	1738	1742	1746	1750	1754	1758	1762	1766	1770	1774	0	1	1	2	2	2	3	3	4
·25	1778	1782	1786	1791	1795	1799	1803	1807	1811	1816	0	1	1	2	2	2	3	3	4
·26	1820	1824	1828	1832	1837	1841	1845	1849	1854	1858	0	1	1	2	2	3	3	3	4
·27	1862	1866	1871	1875	1879	1884	1888	1892	1897	1901	0	1	1	2	2	3	3	3	4
·28	1905	1910	1914	1919	1923	1928	1932	1936	1941	1945	0	1	1	2	2	3	3	4	4
·29	1950	1954	1959	1963	1968	1972	1977	1982	1986	1991	0	1	1	2	2	3	3	4	4
·30	1995	2000	2004	2009	2014	2018	2023	2028	2032	2037	0	1	1	2	2	3	3	4	4
·31	2042	2046	2051	2056	2061	2065	2070	2075	2080	2084	0	1	1	2	2	3	3	4	4
·32	2089	2094	2099	2104	2109	2113	2118	2123	2128	2133	0	1	1	2	2	3	3	4	4
·33	2138	2143	2148	2153	2158	2163	2168	2173	2178	2183	0	1	1	2	2	3	3	4	4
·34	2188	2193	2198	2203	2208	2213	2218	2223	2228	2234	1	1	2	2	3	3	4	4	5
·35	2239	2244	2249	2254	2259	2265	2270	2275	2280	2286	1	1	2	2	3	3	4	4	5
·36	2291	2296	2301	2307	2312	2317	2323	2328	2333	2339	1	1	2	2	3	3	4	4	5
·37	2344	2350	2355	2360	2366	2371	2377	2382	2388	2393	1	1	2	2	3	3	4	4	5
·38	2399	2404	2410	2415	2421	2427	2432	2438	2443	2449	1	1	2	2	3	3	4	4	5
·39	2455	2460	2466	2472	2477	2483	2489	2495	2500	2506	1	1	2	2	3	3	4	5	5
·40	2512	2518	2523	2529	2535	2541	2547	2553	2559	2564	1	1	2	2	3	4	4	5	5
·41	2570	2576	2582	2588	2594	2600	2606	2612	2618	2624	1	1	2	2	3	4	4	5	5
·42	2630	2636	2642	2649	2655	2661	2667	2673	2679	2685	1	1	2	2	3	4	4	5	6
·43	2692	2698	2704	2710	2716	2723	2729	2735	2742	2748	1	1	2	3	3	4	4	5	6
·44	2754	2761	2767	2773	2780	2786	2793	2799	2805	2812	1	1	2	3	3	4	4	5	6
·45	2818	2825	2831	2838	2844	2851	2858	2864	2871	2877	1	1	2	3	3	4	5	5	6
·46	2884	2891	2897	2904	2911	2917	2924	2931	2938	2944	1	1	2	3	3	4	5	5	6
·47	2951	2958	2965	2972	2979	2985	2992	2999	3006	3013	1	1	2	3	3	4	5	5	6
·48	3020	3027	3034	3041	3048	3055	3062	3069	3076	3083	1	1	2	3	4	4	5	6	6
·49	3090	3097	3105	3112	3119	3126	3133	3141	3148	3155	1	1	2	3	4	4	5	6	6
	0	1	2	3	4	5	6	7	8	9	1	2	3	4	5	6	7	8	9

Log.	0	1	2	3	4	5	6	7	8	9	1	2	3	4	5	6	7	8	9
·50	3162	3170	3177	3184	3192	3199	3206	3214	3221	3228	1	1	2	3	4	4	5	6	7
·51	3236	3243	3251	3258	3266	3273	3281	3289	3296	3304	1	2	2	3	4	5	5	6	7
·52	3311	3319	3327	3334	3342	3350	3357	3365	3373	3381	1	2	2	3	4	5	5	6	7
·53	3388	3396	3404	3412	3420	3428	3436	3443	3451	3459	1	2	2	3	4	5	6	6	7
·54	3467	3475	3483	3491	3499	3508	3516	3524	3532	3540	1	2	2	3	4	5	6	6	7
·55	3548	3556	3565	3573	3581	3589	3597	3606	3614	3622	1	2	2	3	4	5	6	7	7
·56	3631	3639	3648	3656	3664	3673	3681	3690	3698	3707	1	2	3	3	4	5	6	7	8
·57	3715	3724	3733	3741	3750	3758	3767	3776	3784	3793	1	2	3	3	4	5	6	7	8
·58	3802	3811	3819	3828	3837	3846	3855	3864	3873	3882	1	2	3	4	4	5	6	7	8
·59	3890	3899	3908	3917	3926	3936	3945	3954	3963	3972	1	2	3	4	5	5	6	7	8
·60	3981	3990	3999	4009	4018	4027	4036	4046	4055	4064	1	2	3	4	5	6	6	7	8
·61	4074	4083	4093	4102	4111	4121	4130	4140	4150	4159	1	2	3	4	5	6	7	8	9
·62	4169	4178	4188	4198	4207	4217	4227	4236	4246	4256	1	2	3	4	5	6	7	8	9
·63	4266	4276	4285	4295	4305	4315	4325	4335	4345	4355	1	2	3	4	5	6	7	8	9
·64	4365	4375	4385	4395	4406	4416	4426	4436	4446	4457	1	2	3	4	5	6	7	8	9
·65	4467	4477	4487	4498	4508	4519	4529	4539	4550	4560	1	2	3	4	5	6	7	8	9
·66	4571	4581	4592	4603	4613	4624	4634	4645	4656	4667	1	2	3	4	5	6	7	9	10
·67	4677	4688	4699	4710	4721	4732	4742	4753	4764	4775	1	2	3	4	5	7	8	9	10
·68	4786	4797	4808	4819	4831	4842	4853	4864	4875	4887	1	2	3	4	6	7	8	9	10
·69	4898	4909	4920	4932	4943	4955	4966	4977	4989	5000	1	2	3	5	6	7	8	9	10
·70	5012	5023	5035	5047	5058	5070	5082	5093	5105	5117	1	2	4	5	6	7	8	9	11
·71	5129	5140	5152	5164	5176	5188	5200	5212	5224	5236	1	2	4	5	6	7	8	10	11
·72	5248	5260	5272	5284	5297	5309	5321	5333	5346	5358	1	2	4	5	6	7	9	10	11
·73	5370	5383	5395	5408	5420	5433	5445	5458	5470	5483	1	3	4	5	6	8	9	10	11
·74	5495	5508	5521	5534	5546	5559	5572	5585	5598	5610	1	3	4	5	6	8	9	10	12
·75	5623	5636	5649	5662	5675	5689	5702	5715	5728	5741	1	3	4	5	7	8	9	10	12
·76	5754	5768	5781	5794	5808	5821	5834	5848	5861	5875	1	3	4	5	7	8	9	11	12
·77	5888	5902	5916	5929	5943	5957	5970	5984	5998	6012	1	3	4	5	7	8	10	11	12
·78	6026	6039	6053	6067	6081	6095	6109	6124	6138	6152	1	3	4	6	7	8	10	11	13
·79	6166	6180	6194	6209	6223	6237	6252	6266	6281	6295	1	3	4	6	7	9	10	11	13
·80	6310	6324	6339	6353	6368	6383	6397	6412	6427	6442	1	3	4	6	7	9	10	12	13
·81	6457	6471	6486	6501	6516	6531	6546	6561	6577	6592	2	3	5	6	8	9	11	12	14
·82	6607	6622	6637	6653	6668	6683	6699	6714	6730	6745	2	3	5	6	8	9	11	12	14
·83	6761	6776	6792	6808	6823	6839	6855	6871	6887	6902	2	3	5	6	8	9	11	13	14
·84	6918	6934	6950	6966	6982	6998	7015	7031	7047	7063	2	3	5	6	8	10	11	13	15
·85	7079	7096	7112	7129	7145	7161	7178	7194	7211	7228	2	3	5	7	8	10	12	13	15
·86	7244	7261	7278	7295	7311	7328	7345	7362	7379	7396	2	3	5	7	8	10	12	13	15
·87	7413	7430	7447	7464	7482	7499	7516	7534	7551	7568	2	3	5	7	9	10	12	14	16
·88	7586	7603	7621	7638	7656	7674	7691	7709	7727	7745	2	4	5	7	9	11	12	14	16
·89	7762	7780	7798	7816	7834	7852	7870	7889	7907	7925	2	4	5	7	9	11	13	14	16
·90	7943	7962	7980	7998	8017	8035	8054	8072	8091	8110	2	4	6	7	9	11	13	15	17
·91	8128	8147	8166	8185	8204	8222	8241	8260	8279	8299	2	4	6	8	9	11	13	15	17
·92	8318	8337	8356	8375	8395	8414	8433	8453	8472	8492	2	4	6	8	10	12	14	15	17
·93	8511	8531	8551	8570	8590	8610	8630	8650	8670	8690	2	4	6	8	10	12	14	16	18
·94	8710	8730	8750	8770	8790	8810	8831	8851	8872	8892	2	4	6	8	10	12	14	16	18
·95	8913	8933	8954	8974	8995	9016	9036	9057	9078	9099	2	4	6	8	10	12	15	17	19
·96	9120	9141	9162	9183	9204	9226	9247	9268	9290	9311	2	4	6	8	11	13	15	17	19
·97	9333	9354	9376	9397	9419	9441	9462	9484	9506	9528	2	4	7	9	11	13	15	17	20
·98	9550	9572	9594	9616	9638	9661	9683	9705	9727	9750	2	4	7	9	11	13	16	18	20
·99	9772	9795	9817	9840	9863	9886	9908	9931	9954	9977	2	5	7	9	11	14	16	18	20
	0	1	2	3	4	5	6	7	8	9	1	2	3	4	5	6	7	8	9

Temperatura e densità del mercurio.

t	d	t	d	t	d
— 10°	13,6202	30°	13,5217	70°	13,4244
0°	5955	40°	4973	80°	4003
10°	5708	50°	4729	90°	3762
20°	5462	60°	4486	100°	3522

Trasformazioni di densità relative $\left(d_r \frac{t^0}{t^0}\right)$ alle densità $\left(d_r \frac{t_0}{4^0} = d_{t0}\right)$:

$$d_r \frac{t^0}{4^0} (= d_{t0}) = r \cdot d_r \frac{t^0}{t^0}$$

t	0°	4°	12,5°	15°	17,5°
r	0,999 868	1,000 000	0,999 466	0,999 126	0,998 713
lg r	999 9426	000 0000	999 7680	999 6203	999 4407
t	18°	20°	25°	28°	30°
r	0,998 622	0,998 230	0,997 071	0,996 259	0,995 673
lg r	999 4012	999 2306	998 7260	998 3723	998 1167

I valori r sono le densità dell'acqua alle temperature corrispondenti relative alla densità (massima) a 4° come unità.

Bei Fragen zur Produktsicherheit wenden Sie sich bitte an:
If you have any questions regarding product safety,
please contact:

Walter de Gruyter GmbH
Genthiner Straße 13
10785 Berlin
productsafety@degruyterbrill.com